U0151391

杨荫深 编著

事物掌故丛谈

校订本 ㊁

器用杂物

上海辞书出版社

引言

提起日常器用杂物，真是不胜枚举，这一本小册子里当然只能举其最重要者，大略地说一说而已。

大约日常所用的器物，概括说来，可分：一、书写的文具，二、修饰的妆具，三、裁剪的缝具，四、饮食的食具，五、坐卧的家具，六、称量的用具。至于娱乐的玩具，以及农工商各业专用的工具，因为非日常一般器用范围之内，且本丛书另有谈到那方面的，当然附及，所以这一册里都不提到了。

即使是这六项，可谈的也是很多，这里只能择其重要的来谈一谈，如文具只及四宝，妆具只关理发方面，缝具仅有针剪，食具只说磁器之类，家具只谈木器方面，称量虽及度量衡三者，但也只能谈到古时创造的由来，不能详细地将古今中外异制作个比较的。这因为本书是重在掌故，所以谈过去的较详，谈现今的较略。

至于附录部分，专辑各物传记。此体始于唐之韩愈《毛颖传》，虽为游戏之作，要亦可以观各物由来的大略，在掌故上说起来是很有价值的。

本书的写成，时间上极为匆促，错误之处，希读者为之校正，不胜感幸！

杨荫深　一九四五年十一月廿八日雨声中

目录 CONTENTS

一 笔墨 Brushes and Ink 1

二 纸砚 Paper and Ink Stone 17

三 扇拂 Fans and Horsetail Whisks 26

四 镜鉴 Mirrors 33

五 梳篦 Combs 43

六 针剪 Needles and Scissors 48

七 盌盆 Bowls and Basins 56

八 杯盘 Mugs and Plates 62

九 匙箸 Spoons and Chopsticks 73

一〇 壶瓶 Pots and Vases 76

一一 甑镬 Rice Steamers and Woks 86

一二 灯烛 Lamps and Candles 95

一三 几案 Tables 103

一四 凳椅 Chairs 110

一五 厨箱 Cabinets and Chests 118

一六 牀榻 Beds and Couches 126

一七 枕席 Pillows and Mats 135

一八 箕帚 Dustpans and Brooms 147

一九 度量 Measure Tools 152

二〇 权衡 Weighing Tools 157

二一 便器 Chamber Pots 164

附录 Appendix 171

Brushes and Ink

诗与画印

筆（“笔”的繁体字——编者注）字从竹从聿，聿亦笔意，《说文》所谓：“聿，所以书之器也。楚谓之聿，吴谓之不律，燕谓之弗，秦谓之笔。”可知古时对笔的称呼不一，其称笔者，乃始于秦。又《尔雅·释器》：“不律谓之毕。”注云：“蜀人呼笔为不律也，语之变转。”则又作“毕”字。笔之义为述，《释名》所谓“述事而书之也”。毕之义为毕举，晋成公绥《弃故笔赋序》所谓：“笔者毕也，能毕举万物之形，而序自然之情也。”

笔据晋张华《博物志》，为秦将蒙恬所造。梁周兴嗣作《千字文》亦云“恬笔伦纸”。但如晋崔豹《古今注》云：

古今注

自古有书契已来，便应有笔，世称蒙恬造笔，何也？答曰：『蒙恬始造，即秦笔耳，以枯木为管，鹿毛为柱，羊毛为被，所谓苍毫，非兔毫竹管也。』

是蒙恬所造乃今所谓毛笔，笔非即由他所创始的，他不过是改革笔的制法而已。又宋马永卿《懒真子》亦云：

张子训尝问仆曰：『蒙恬造笔，然则古无笔乎？』仆曰：『非也。古非无笔，但用兔毛自恬始耳。』《尔雅》曰『不律谓之笔』，《礼》曰『史载笔』，《诗》云『贻我彤管』，夫子绝笔获麟，《庄子》云『舐笔和墨』，是知其来远矣。但古笔多以竹，如今木匠所用木斗竹笔，故其字从竹，又或以毛，但能染墨成字，即谓之笔。至蒙恬乃以兔毛，故《毛颖传》备载之。

亦以兔毛所制的笔乃蒙恬所创始，非谓笔即蒙恬所发明的。同时可知最古的笔未必用毛，自秦以后乃以毛为常，而最普通的则为兔毛。兔毛尤以中山所出的为最佳，故韩愈《毛颖传》以毛颖（笔）为中山人也。其后则用毛种类愈多，如晋王羲之《笔经》所载：

> 汉时诸郡献兔毫，出鸿都。……惟中山兔肥而毫长，可用。先用人发杪数十茎，杂青羊毛并兔毳，裁令齐平，以麻纸裹枝根令净，次取上毫薄薄布柱上，令柱不见。世传张芝、钟繇用鼠须笔，笔锋劲强有锋芒，余未之信，鼠须用未必能佳，甚难得。岭外少兔，以鸡毛作笔，亦妙。蜀中石鼠毛可以为笔，其名曰鼷。人须作笔，甚佳。

墨寶流傳

彭剛直公勳業震寰宇志趣在山林亮節清風卓絶千古生平雅善畫梅每一揮寫縱橫老幹神韵天然惜世上不多見惟名勝之地偶有留遺亦如吉光片羽不可多得耳紹興蘭柯山之七星巖爲公壯遊之地昔年某日竹杖芒鞋飄若神仙嘗至巖上忽發豪興取堊帚画墨梅於壁并系以詩其右有徐壽蘅文宗題詩表章去今事隔數十年不損猶龍以碧紗且以木欄護其壁若得當道勒之於石以永其傳吾知墨客騷人臨風懷古當不勝物是人非之感豈僅足為名山生色哉

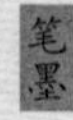

以兔毛所制的笔乃蒙恬所创始，非谓笔即蒙恬所发明的。同时可知最古的笔未必用毛，自秦以后乃以毛为常，而最普通的则为兔毛。

又如明屠隆《考槃馀事》所云，更较王说为多：

笔之所贵者在毫。广东番禺诸郡，多以青羊毛为之，以雉尾或鸡鸭毛为盖，五色可观。或用丰狐毛、鼠须、虎毛、羊毛、麝毛、鹿毛、羊须、胎发、猪鬃、狸毛造者，然皆不若兔毫为佳。兔以崇山绝壑中者，兔肥毫长而锐。秋毫取健，冬毫取坚，春秋之毫则不堪矣。若中秋无月，则兔不孕，毫少而贵。朝鲜有狼毫笔亦佳，近日所制尤精绝。

按：狼毫笔今亦名贵，据此则实始于朝鲜的。至于笔管，除竹以外，也代有增华，仍引《考槃馀事》所录云：

古有金管、银管、斑管、象管、玳瑁管、玻璃管、镂金管、绿沈漆管、棕竹管、紫檀管、花梨管，然皆不若白竹之薄标者为管。最便持用，笔之妙尽矣。他又何尚焉？冬月以纸帛衣管，以避寒者，似亦难用，悉不取也。

这许多金银等华丽的笔管，诚如屠氏所说，均抵不过白竹管来得便利。王羲之《笔经》中也早说过："昔人或以瑠璃象牙为笔管，丽饰则有之，然笔须轻便，重则踬矣。"只可作为丽饰，不能作为实用。但如《全唐诗话》韩定辞所说，则此种丽饰笔管，也别有用处的。《诗话》云：

韩定辞聘燕，赠幕客马彧诗曰：『盛德好将银笔述。』后彧答聘常山，问韩银笔之事。韩曰：『昔梁元帝为湘东王时，好学著书，常纪忠臣义士及文章之美者，笔有三品，或以金银雕饰，或以斑竹为管。忠孝全者用金管书之，德行清粹者用银管书之，文章赡丽者以斑竹书之，故湘东之誉振于江表。』

是梁元帝即曾用以为记载忠义文士之用，然在他人未必有分得如此仔细的。而今的各种笔，各地恐怕都有，惟以人须为毫，于今似为少闻。唐张怀瓘《书断》里却有一个笑话云：

岭南兔，尝有郡牧得其皮，使工人削笔。醉失之，大惧，因剪己须为笔，甚善。更使为之，工者辞焉。诘其由，因实对，遂下令使一户输人须。或不能致，辄责其直。

此恐为贪官之流，否则何得强责人以输值的。

王羲之《笔经》中也早说过："昔人或以瑠璃象牙为笔管，丽饰则有之，然笔须轻便，重则踬矣。"只可作为丽饰，不能作为实用。

今笔以湖州所制为最佳，故世称“湖笔”。然湖笔之闻名实始于元明，前则未闻。如《考槃馀事》云：

古者蒙恬创笔。南朝老姥善作笔。开元中，笔匠名铁头，能莹管如玉；宣州有诸葛高，常州许颖。国朝有陆继翁、王古用皆湖人住金陵；吉水有郑伯清，吴兴有张天锡，惜乎近俱失传其妙。大抵海内笔工皆不若湖之得法。

按：南朝老姥今不能详其人。铁头名见《酉阳杂俎》。诸葛高为唐宋时最著名的笔工。宋陶穀《清异录》中即载其事云：

伪唐宜春王从谦，喜书札，学晋二王楷法，用宣城诸葛笔，一枝酬以十金，劲妙甲当时，号为『翘轩宝箒』，士人往往呼为『宝箒』。

《宣城县志》更详述其为宋时名人所称誉云：

> 诸葛高，世工制笔，称重荐绅间。梅圣俞次欧阳永叔《试诸葛笔》诗：『笔工诸葛高，海内称第一。』黄鲁直诗：『宣州变样蹲鸡距，诸葛名家捋鼠须。一束喜从公处得，千金求向市中无。』苏子瞻云：『诸葛氏笔，譬如内法酒，北苑茶，纵有佳者，尚难得其仿佛。』林和靖云：『顷得宛陵葛生笔，如麾百胜之师，横行纸墨，所向如意。』

然今宣城除纸以外，即未闻以笔著称的。盖诸葛笔自元以后，即为湖人所夺，如《西吴枝乘》所云："吴兴毛颖之技甲天下。元时冯应科者擅长，至与赵子昂、钱舜举并名。今世犹相沿尚之，其知名者曰翁氏陆氏张氏，皆毚毫也。"当时子昂以字名，舜举以画名，应科则以笔名，时称为吴兴三绝云。

笔与书法家最相密切，故古时有设笔冢以葬败笔的，如《书断》所云："唐僧智永，积年学书，有秃笔头十瓮，每瓮皆数石。后取笔头瘗之为退笔冢，自制铭志。"《国史补》又说："长沙僧怀素好草书，弃笔堆积，埋于山下，号曰笔冢。"

墨字从黑土，《说文》所谓："墨者黑也，松烟所成，土之类也。"其创始或谓早在黄帝时，如明徐炬辑《古今事物原始》云："后汉李尤《墨砚铭》曰，书契既造，墨砚乃陈；则二物皆黄帝时始。"或谓迟在魏晋时，如元陶宗仪《南村辍耕录》云："上古无墨，竹挺点漆而书。中古以石磨汁，或云是延安石液。至魏晋时始有墨丸，乃漆烟松煤夹和为之。"此二说一则未免过早，一则未免过晚。《说文》为后汉许慎所撰，他已说到墨为松烟所成，是明明汉时已有墨了，决不晚至魏晋方才发明的。大约有了兔毛的笔，就有人发明了烟煤的墨。《南村辍耕录》又云：

晋人多用凹心砚者，欲磨墨贮沈耳。自后有螺子墨，亦墨丸之遗制。唐高丽岁贡松烟墨，用多年老松烟，和麋鹿胶造成。至唐末墨工奚超与其子廷珪，自易水渡江，迁居歙州，南唐赐姓李氏。廷珪父子之墨，始集大成，然亦尚用松烟。廷珪初名廷邽，故世有奚廷珪墨，又有李廷邽墨，或作庭珪字者，伪也，墨亦不精。宋熙丰间，张遇供御墨，用油烟入脑麝金箔，谓之龙香剂。元祐间，潘谷墨见称于时。自后蜀中蒲大韶、梁杲、徐知常及雪斋、齐峰、叶茂实、翁彦卿等出，世不乏墨。惟茂实得法，清黑不凝滞，彦卿莫能及。中统至元以来，各有所传，可以仿古。

从这一段记载里面，颇可以考见中国自晋至元的一些墨工史略。今墨以徽州所产为最著名。歙即属徽，可知由来已久了。至明代以墨名家的，可阅明高濂的《遵生八笺》：

今世所尚，以罗小华为最。罗之墨固善矣。余所见国初查文通龙忠迪墨，碧天龙气墨，水晶宫墨，遂安方正牛舌墨，石青填字赤金为衣者。苏眉阳幼年所制，祖李遗法，卧蚕小墨。世宗时邵格之墨。如方于鲁寥天一九云三极，国宝，非烟等墨，亦皆精品。

其中尤以方于鲁为最著名，他且刻有《墨谱》一书，当时为文士们所最羡称。据清代钱泳《履园丛话》云："近时曹素功、詹子云、方密庵、汪节庵辈所制俱可用。"胡开文似又在其后了。

墨的制法是合烟煤和胶而成。烟煤又有松烟与油烟之别。松烟较油烟为佳，而徽地之松又较他地为佳，此所以徽墨能独负盛名的缘故。古时惟有松烟，后则乃有油烟，如宋赵希鹄《洞天墨录》所云：

古墨惟以松烟为之，曹子建诗：『墨出青松烟，笔出狡兔翰。』唐诗：『轻翰染松烟。』东坡诗：『徂徕无老松，易水无良工。』《闻见录》云：『唐李超，易水人，与子廷珪亡至歙州，其地多松，因留居，以墨名家。』《仇池笔记》：『真松煤远烟者，自有龙麝气。世之嗜者，如滕达道、苏浩然、吕行甫，暇日晴暖，研墨水数合，弄笔之余，乃啜饮之。』近世称徽墨，率用桐油烟，既非古法，墨成亦用漆为衣始光。东坡云：『光而不黑，索然无神气，亦复安用？』殆此等耶。

二 纸砚

Paper and Ink Stone

紙（“纸”的繁体字——编者注）字从糸，又作帋，从巾，盖纸本为缣帛之类，故制字如此。自汉蔡伦发明以树麻布网为纸以后，纸实已非缣非帛的了。

纸皆知为蔡伦所发明，此事载《后汉书》中，可谓确实无疑。但蔡伦以前，未始没有纸的，即以缣帛为纸，这实在是纸的原来意义。再前则为简写版，所用乃是竹片木板，如宋赵彦卫《云麓漫抄》云：

上古结绳而治。二帝以来，始有简册，以竹为之，而书以漆；或用版，以铅画之，故有刀笔铅槧之说。秦汉末用缣帛，如胜广书帛内鱼腹，高祖书帛射城上。至中世渐用纸，《赵后传》所谓『赫蹏』者，注云『薄小纸』，然其实亦缣帛。《蔡伦传》：『用缣帛者谓之纸，缣贵简重不便于人，伦乃用木肤麻皮等。』则古之纸即缣帛，字盖从糸云。

可知纸非蔡伦所发明，蔡伦不过发明以树麻等物为纸而已。这正如蒙恬造笔一样，笔非蒙恬所创始，乃由他所改造而已。

这种蔡侯纸(《后汉书·蔡伦传》云：“伦用树肤麻头及敝布鱼网以为纸，元兴元年奏上之。帝善其能，自是莫不从用焉，故天下咸称蔡侯纸。”)大约初时未必怎样精致的，且还没有竹制的纸，而现在却以竹纸为最通行。按：宋苏轼《东坡志林》云：“昔人以海苔为纸，今无复有。今人以竹为纸，亦古所无有也。”既云今人，可知始于宋时，在前还没有的。其后纸的名目殊多，如明高濂《遵生八笺》所云：

上古无纸，用汗青者，以火炙竹，令汗出取青，易于作书。至汉蔡伦始制纸，诚万世利也。初捣渔网为纸曰网纸，以布作者曰麻纸，以楮皮作者曰谷纸。蜀有凝光纸、云蓝笺、花叶纸、十色薛涛笺，名曰蜀笺。有侧理纸、松花纸、流沙纸、彩霞金粉龙凤纸、绫纹纸、短帘白纸、硬黄纸、布纸、缥红纸、青赤绿桃花笺、藤角纸、缥红麻纸、桑根纸、六合笺、鱼子笺、苔纸。建中年有女儿青纸、卵纸。宋有澄心堂纸、蜡黄藏经笺、白经笺、碧云春树笺，有龙凤印边三色内纸，有印金团花并各色金花笺纸，有藤白纸，研光小本纸。李伪主造会府纸，长二丈，阔一丈，厚如缯帛数重。陶縠家藏有鄱阳白数幅，长如匹练，西山观音帘纸、鹄白纸、蚕茧纸、竹纸、大笺纸。元有黄麻纸、铅山纸、常山纸、英山纸、临川小笺纸、上虞纸，又若子邑之纸，妍妙辉光，皆世称也。今之楚中粉笺、松江粉笺，为纸至下品也，一霉即脱，陶縠所谓化化笺此尔，止可用供溷材，一化也；货之店中包面药果之类，二化也。

此把古今重要的纸品，都已叙述到了，现在则或有或无。就中尤以薛涛所制及十色蜀笺最为历代文人所羡称。据元费著《蜀笺谱》云："纸以人得名者，有谢公，有薛涛。所谓谢公者，谢司封景初师厚，师厚创笺样以便书尺，俗因以为名。薛涛本长安良家女，元稹等竞与酬和，躬撰深红小彩笺，裁书供吟，献酬贤杰，时谓之薛涛笺。谢公有十色笺，深红、粉红、杏红、明黄、深青、浅青、深绿、浅绿、铜绿、浅云，即十色也。涛所制笺特深红一色尔。"是十色蜀笺乃谢公所制，与薛涛笺不能混谈，高氏所说似有误的。

古人所用的纸，大抵以黄色为多，后则乃用白色，至今犹然。如明刘元卿《贤奕》云：

古人写书，尽用黄纸，故谓之黄卷。颜之推曰：『读天下书未遍，不得妄下雌黄。』雌黄与纸色类，故用之以灭误。今人用白纸，而好事者多用雌黄灭误，殊不相类。

又宋叶梦得《石林燕语》云：

唐中书制诏有四，封拜册书用简，以竹为之；画旨而行者曰发曰敕，用黄麻纸；承旨而行者曰敕牒，用黄藤纸；赦书皆用绢黄纸。始贞观间，或曰取其不蠹也。纸以为麻为上，藤次之，用此为重轻之辨。学士制不自中书出，故独用白麻纸而已，因谓之白麻。今制不复以纸为辨，号为白麻者，亦池州楮纸耳。

盖唐时尚有黄白之分，至宋则一体用白，不复辨别了。

砚字从石，盖砚为石所制。字本作研，后乃作砚。宋马永卿《懒真子》所谓："古无砚字，古人诸事简易，凡研墨不必砚，但可研处只为之尔。矛楯螭蚴载于前世，不若今世事之冗长，故只为之研，不谓之砚。"马氏又云："文房四物，见于传记者若纸笔墨皆有据，至于砚即不见之。独前汉张彭祖少与上同砚席书，又薛宣思省吏职，下至笔砚皆为设方略。然伍缉之《从征记》孔子庙中有石砚一枚，乃夫子平生物，非经史，不足信。"是砚实始于汉时，在前或未必专有的。

砚在唐以前，尚不为人所注重，至唐时文士始渐渐讲究砚石的选择。宋人更视同珍玩，《砚谱》一类书籍，层出不穷，著名者如米芾《砚史》、李之彦《砚谱》、唐积《歙州砚谱》、叶樾《端溪砚谱》、洪景伯《歙砚谱》、林绾《云林石谱》、曹继善《歙砚说》等等，其他笔记中所载及的更多，大文豪苏轼且为撰《万石君罗文传》，以传砚事。砚在宋时可谓被文士盛传到极致了。至于宋人所推崇的砚，或端或歙，而端尤胜于歙，如宋赵希鹄《洞天清录》云：

世之论砚者，皆曰多用歙石，盖未知有端溪。殊不知历代以来，皆采端溪，至南唐李主时，端溪旧坑已竭，故不得已而取其次，歙乃端之次也。

至歙砚之被发现，据洪景伯《歙砚谱》所载是这样的：

婺源砚在唐开元中，猎人叶氏逐兽至长城里，见叠石如城叠状，莹洁可爱，因携以归，刊粗成砚，温润大过端溪。后数世，叶氏诸孙持以与令，令爱之，访得匠手斫为砚，由是山下始传。至南唐元宗精意翰墨，歙守又献砚并荐砚工李少微，国主嘉之，擢为砚官令。

至于端砚究有如何的美，则清吴兰修《端溪砚史》中颇言其详，兹引录如下：

端石之美五：一『青花』，欲细不欲粗，欲活不欲枯，欲沉不欲露，欲晕不欲结……如缁尘翳于明镜，如墨沈著于湿纸，斯绝品矣。一『鱼脑』，白如晴云，吹之欲散，松如团絮，触之欲起者，是无上品。亦名鱼脑冻，冻者水肪之所凝也。白而嫩者次之，灰而红下矣。一『蕉白』，如蕉叶初展，含露欲滴者上也，素洁者次之，黄而焦蓝而灰下矣。一『天青』，如秋雨乍晴，蔚蓝无际者上也，阴而晦下矣。青花者石之荣，鱼脑蕉白者石之髓，天青者石之肉。荣无质，必傅他质而著之，傅于天青者上品，傅于鱼脑蕉白者无上上品，惟大西洞有之。一曰『冰纹冻』，白晕纵横，有痕无迹，罥如蛛网，轻若藕丝，是谓异品，亦出大西洞。他洞白纹如线，适损毫墨，虽曰冰纹，非所尚矣。

要鉴赏砚的美恶，大约从上文可以略知一斑了。

器用杂物

三 扇拂

Fans and Horsetail Whisks

扇又称箑，据明李时珍《本草纲目》云：“上古以羽为扇，故字从羽，后人以竹及纸为箑，故字从竹。”然此实为李氏想象之辞。按：汉扬雄《方言》有云：“扇自关而东谓之箑，自关而西谓之扇。”则扇箑固是方言的不同，并非因制法异而名不同的。且扇的古义为扉，《说文》所谓：“扇，扉也，从户从翅省声。”字非从羽，李氏误解之至。今称门有一扇两扇，一扇为户，两扇为门；又《尔雅》：“以木曰扉，以苇曰扇。”则扇实为苇编成的户。后世大约以箑亦如扇状，故又称为扇罢！

扇在上古未必为拂凉之用，所以如晋崔豹《古今注》云：

雉尾扇，起于殷世，高宗时有雊雉之祥，服章多用翟羽。周制以为王后夫人之车服，舆车有翣，即缉雉羽为扇翣，以障翳风尘也。汉朝乘舆服之，后以赐梁孝王。魏晋以来无常，准诸王皆得用之。

扇子 今称门有一扇两扇，一扇为户，两扇为门；又《尔雅》：“以木曰扉，以苇曰扇。”则扇实为苇编成的户。后世大约以箑亦如扇状，故又称为扇罢！

此雉尾扇只为王者仪饰，所谓“障翳风尘”而已。其后则由大变小，形制遂多，除装饰外，又多作为拂凉之用了。其由来沿革，诚如明徐炬辑《古今事物原始》所云：

《古今注》曰：『扇一名箑。』《黄帝内传》有『五明扇』，天子用『雉尾扇』，即掌扇也。舜广开视听，以求贤人，作『五明扇』。又云武王使玄览作之，汉名为『障翳』。今之『招凉扇』始于北宋时。今之『折叠扇』始于东夷所贡，永乐间始盛于中国。倭人亦制为泥金扇面。晋谢安乡人有作『蒲葵扇』五万，安执一把用之，士庶增数倍。王嘉《拾遗记》，周昭王时，修涂国献丹鹊一雄一雌，孟夏取鹊翅为扇，一名条翮，一名仄影：此作『羽扇』之始。王羲之在蕺山时，一老媪持『六角竹扇』以卖，羲之书五字于扇上，媪初有愠色，羲之曰：『但云右军书求百钱。』人竞买之。《西京杂记》云，时长安巧工丁绶作『七轮扇』，大径丈余，使一人运之，满堂皆寒。今禁中洎宗戚贵戚亦为此。初晋王珉与嫂婢通，嫂知挞之，珉好持『白团扇』，婢制《白团扇歌》赠珉云：『团扇复团扇，许持自障面。憔悴无复理，羞与郎相见。』今女子新婚用罗扇遮面，乃其遗事。王元宝有一『皮扇子』，制作甚质，暑月燕客，置扇于坐前，用新水洒之，则飒然风生，巡酒之间，客有寒色。明皇使中使取而视之，爱而不受曰：『乃龙皮扇子也。』《宋朝会要》曰：『汉世之长柄扇即团扇。汉武帝时，王侯不得用雉扇，公以下用团扇。』

至今以折扇与团扇为最流行。而折扇此云明永乐时始盛于中国,实非。明陆深《春风堂随笔》云:

今世所用折叠扇,亦名聚头扇。吾乡张东海先生以为始于永乐间。予见南宋以来诗词,咏聚扇者颇多。予收得杨妹子所写绢扇面,折痕尚存。东坡谓高丽白松扇展之广尺余,合之止两指许,正今折扇,盖自北宋已有之。

按：此说极是，宋张世南《游宦纪闻》正云：“高丽国宣和六年九月，遣使李资德金富辙至本朝谢恩，私觌之物，有松扇三盒，折叠扇二只。”此折扇岂非明明在北宋时已有之呢。至于扇上以之题字作画，即似始于上文所引的王羲之。此书载于《晋书》羲之本传，当可置信。

拂即俗称拂子，用以拂尘，与古扇以障尘，效用颇同。古多以麈尾为之，故亦称麈尾。在六朝的时候，文士大多执拂而谈，这正如后来文人的执扇，同一认为风雅的事，并且还含有指挥之意，所以《名苑》有云：“麈似鹿而大，其尾辟尘。群鹿随麈，皆视其尾为准，故古之谈者挥焉。”但贫者亦有用麻绳作的，如《宋书·武帝本纪》，云武帝：“床头，有土鄣，壁上葛灯笼，麻绳拂，侍中袁凯盛称上俭素之德。”至唐又有棕作的拂子，如杜甫有《棕拂子诗》，韦应物有《棕榈蝇拂歌》。但皆用以去蝇，不像六朝人执以挥谈，此则与今制的拂子相似了。

扇子

《春风堂随笔》云："今世所用折叠扇，亦名聚头扇。……予见南宋以来诗词，咏聚扇者颇多。予收得杨妹子所写绢扇面，折痕尚存。东坡谓高丽白松扇展之广尺余，合之止两指许，正今折扇，盖自北宋已有之。"

Mirrors

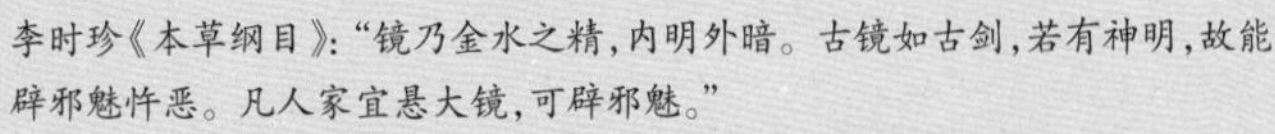

古镜 李时珍《本草纲目》:"镜乃金水之精,内明外暗。古镜如古剑,若有神明,故能辟邪魅忤恶。凡人家宜悬大镜,可辟邪魅。"

镜古又称为鉴。《释名》以为:“镜景也，言有光景也。”《广雅》:“鉴谓之镜。”其字从金旁，盖古镜皆为五金所制，不像现在用玻璃的。

镜相传为黄帝所创造，如《轩辕内传》云:“帝会王母于王屋山，铸镜十二，随月用之，此镜之始也。”又梁任昉《述异记》云:“饶州俗传轩辕氏铸镜于湖边，今有轩辕磨镜石，石上常洁，不生蔓草。”抑若黄帝真曾造镜，且有确实地点。但《天中记》却又说“舜臣尹寿铸镜”，则又不知根据什么记载了。

镜在古时视为神秘之物的，道家常说镜能照妖，创黄帝初铸之说者，一定是道家所附会而来罢！关于此中神秘，隋王度《古镜记》中说得很详细，但这只能作为小说看，不能视为事实是如此。其他历代笔记中所载尤夥，不能列举，兹仅引明李时珍《本草纲目》中所说的如下:

镜乃金水之精，内明外暗。古镜如古剑，若有神明，故能辟邪魅忤恶。凡人家宜悬大镜，可辟邪魅。《刘根传》云：『人思形状可以长生，用九寸明镜照面熟视，令自识己身形久则身神不散，疾患不入。』葛洪《抱朴子》云：『万物之老者，其精悉能托人形惑人，唯不能易镜中真形，故道士入山，以明镜径九寸以上者背之，则邪魅不敢近，自见其形，必反却走。转镜对之视有踵者山神，无踵者老魅也。』群书所载古镜灵异，往往可证，漫撮于左方。《龙江录》云：『汉宣帝有宝镜如八铢钱，能见妖魅，帝常佩之。』《异闻记》云：『隋时王度有一镜，岁疫令持镜诣里中，有疾者照之即愈。』《樵牧闲谈》云：『孟昶时，张敌得一古镜径尺余，光照寝室如烛，举家无疾，号无疾镜。』《西京杂记》云：『汉高祖得始皇方镜，广四尺，高五尺，表里有明，照之则影倒见；以手捧心，可见肠胃五脏。人疾病照之，则知病之所在。女子有邪心，则胆张心动。』《酉阳杂俎》云：『无劳县舞溪石窟有方镜，径丈，照人五脏，云是始皇照骨镜。』《松窗录》云：『叶法善有一铁镜，照物如水。人有疾病，照见脏腑。』《宋史》云：『泰宁县耕夫得镜，厚三寸，径尺二，照见水底，与日争辉。病热者照之，心骨生寒。』《云仙录》云：『京师王氏有镜六鼻，常有云烟，照之则左右前三方事皆见。黄巢将至，照之兵甲如在目前。』《笔谈》云：『吴僧一镜，照之知未来吉凶出处。』又有火镜取火，水镜取水。皆镜之异者也。

这里所举许多的镜，在现在看来，有几种是不足为怪的。如能照人脏腑，则现在有X光镜，正能如此；照远如在目前，则正是现在的望远镜。至于照之能辟邪无疾，皆是道家妄诞之说，自不足信。其实古镜亦不过为五金所制，哪里是什么“金水之精”？试看明宋应星《天工开物》所说，就可知镜是怎样制成的：

凡铸镜，模用灰沙，铜用锡和。《考工记》亦云：『金锡相半，谓之鉴燧之剂。』开面成光，则水银附体而成，非铜有光如许也。唐开元宫中镜，尽以白银与铜等分铸成，每口值银数两者以此。故朱砂斑点，乃金银精华发现。我朝宣炉，亦缘某库偶灾，金银杂铜锡，化作一团命以铸炉。唐镜宣炉，皆朝廷盛世物也。

是镜不过用铜锡相和而作，原无奇异之处。不过古时以镜可照人，于是又有诫人之意，所谓辟邪无疾，无非是诫人而已。因此对于镜的构造，穷极讲究，铭字以外，又加雕绘，种种皆有用意，诚如《博古图》中所云：

今汉唐之器，其规模大抵皆法远古。是以圜者规天，方者法地，六出所以象诸物，八方所以定其位。左右上下则有四灵，错综经纬则有五星。具一日之数，则载之以十有二辰；具一岁之数，则载之以十有二月。周其天者有二十八宿，拱其位者有三神八卫。或象玉女之起舞，或肖五岳之真形。凡九天之上，九地之下，所主治者，莫不咸在，则取象未尝不有法也。是以制作之妙，或中虚而谓之夹鉴，或形蜕而名以浮水。以龙蟠其上者，取诸龙护之象也；以凤饰其后者，取诸舞鸾之说也。以至或为异花奇卉海兽天马羽毛鳞甲之属，或为嘉禾合璧比目连理瑞世之珍，或乳如钟，或华如菱。至于铭其背，则又有作国史语而为四字，有效柏梁体而为七言，或单言之不足，或长言之有余，或以纪其姓名，或以识其岁月。如言『尚方玉堂』者，用于奉御也；如言『宜官宜侯王』者，用之百执也；如言『宜子孙』者，用以藏家也。若『千秋万岁』之语，则所以美颂者如此；作十六符篆，则所以辟邪者如此。

这里可谓说尽古镜的大概了。古镜大多都是这样含有用意的,不像现今制镜这般简单。

镜古时还有一个佳话,那便是“破镜重圆”,现在还尚为人所引用,兹亦附载于此。唐孟棨《本事诗》云:

陈太子舍人徐德言之妻,后主叔宝之妹,封乐昌公主,才色冠绝。时陈政方乱,德言知不相保,谓其妻曰:『以君之才容,国亡必入权豪之家,斯永绝矣。倘情缘未断,犹冀相见,宜有以信之。』乃破一镜,人执其半,约曰:『他日必以正月望日卖于都市,我当在,即以是日访之。』及陈亡,其妻果入越公杨素之家,宠嬖殊厚。德言流离辛苦,仅能至京,遂以正月望日,访于都市。有苍头卖半镜者,大高其价,人皆笑之。德言直引至其居,设食,具言其故,出半镜以合之,仍题诗曰:『镜与人俱去,镜归人未归。无复嫦娥影,空留明月辉。』陈氏得诗,涕泣不食。素知之,怆然改容,即召德言,还其妻,仍厚遗之,闻者无不感叹。仍与德言陈氏偕饮,令陈氏为诗曰:『今日何迁次,新官对旧官。笑啼俱不敢,方验作人难。』遂与德言归江南,竟以终老。

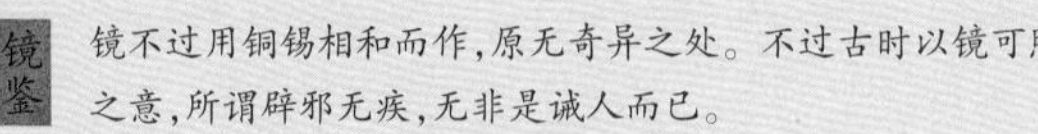

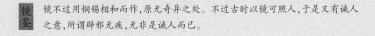

镜鉴

镜不过用铜锡相和而作，原无奇异之处。不过古时以镜可照人，于是又有诫人之意，所谓辟邪无疾，无非是诫人而已。

最后想到我们现在所戴的眼镜了，虽与镜鉴不同，但也称之为镜。此物古实未有，至明时方才有传入的。明张靖之《方州杂录》云：

向在京师，于指挥胡𥱊寓，见其父宗伯公所得宣庙赐物，如钱大者二，形色绝似云母石，而质甚薄，以金相轮廓而纽之，合则为一，歧则为二，如市中等子匣。老人目昏不辨细书，张此物加于双目，字明大加倍。近又于孙景章参政处见一具，试之复然。景章云：『以良马易于西域贾胡，其名曰僾逮。』

又如明郎瑛《七修类稿》云：

少尝闻贵人有眼镜，老年人可用以观书。予疑即《文选》中玉珧之类。及霍子麒送一枚来，质如白玻璃，大如钱，红骨镶二片，可开合而折叠之。问所从来，则曰：『甘肃番人贡至而得者。』丰南禺曰：『乃活车渠之珠，须养之怀中，勿令干，然后可。』予得之二十年无用。

可知当时都视眼镜犹为贵物，世极罕见，而来自外国，非我国所原产。惟至清时，则已普遍极了。清赵翼《陔馀丛考》有云：

眼镜在前明极为贵重，或颁自内府，或购之贾胡，非有力者不能得，今则遍天下矣。盖本来自外洋，皆玻璃所制；后广东人仿其式，以水精（即水晶——编者注）制成，乃更出其上也。刘跂《暇日记》：『史沉断狱，取水精十数种以入。初不喻，既而知案牍故暗者，以水晶承日照之则见。』是宋时已知水晶能照物，但未知作镜耳。

按：赵氏为乾隆时人，可知眼镜在清中叶已甚盛行，国人且能自制的了。

五 梳篦

Combs

梳篦皆为理发之具。篦古亦作枇,《释名》以为:“梳言其齿疏也;枇言细相比也。”今亦如此,梳疏而篦密。总名则谓之栉,所以《说文》云:“栉,梳枇总名也。”

梳篦究始于何时,明徐炬辑《古今事物原始》引《实录》云:“赫胥氏造梳,以木为之,二十四齿,取疏通之义。”赫胥氏据《庄子》云:“夫赫胥氏之时,民居不知所为,行不知所之,含哺而嬉,鼓腹而游。”注:“司马云,赫胥氏上古帝王也。一云有赫然之德,使民胥附,故曰赫胥,盖炎帝也。”这样说来,梳篦的发明是很早的,推源到炎帝,则未免有些神话罢!因为那还是“民居不知所为”的时代,未必有此发明的。

惟栉之为用,《礼记·玉藻》中已有详细说到,如云:“日五盥,沐稷而靧粱,栉用椫栉,发晞用象栉。”据注云:

盥,洗手也。沐稷,以淅稷之水洗发也。靧粱,以淅粱之水洗面也。椫栉,白木梳也。晞,干也。象栉,象齿梳也。发湿则滑,故用木梳;干则涩,故用象梳也。

可知周时已很讲究，居然有象牙制的，在现今也不过如此。《考工记》也有“栉人”之官，可惜原文已阙，不得其详，否则当更有详细的说明罢！按：櫛（“栉”的繁体字——编者注）人的櫛，原作楖，无竹头，明杨慎《丹铅总录》云：

《周礼·考工记》有『楖人』，注：『楖庄密切。』《释文》引《左传》『使婢子执巾栉』注，栉楖是一也。《广雅》曰：『梳，栉也。』《诗》：『其比如栉。』史：『大禹栉风沐雨。』则楖之来古矣。但梳以木为之，栉又从竹，复矣，当从《考工记》为是。

则亦有其理由的。

梳在上面说过，古时已有用象牙的，但通常却以木为主，象牙终究是奢侈的，如宋王栐《燕翼贻谋录》云：

仁宗时，宫中以白角造梳，长至一尺，议者以为妖。仁宗亦恶其侈，皇祐元年十月，诏禁中外不得以角为梳，长不得过四寸。终仁宗之世，无敢犯者。其后侈靡之风盛行，梳不特白角，又易以象牙玳瑁矣。

器用杂物

夫以帝王之尊，犹以用白角为侈，则可知普通所用，只是木质而已。但如宋陶穀《清异录》所云：“洛阳少年崔瑜卿，多赀喜游冶。尝为娼女玉润子造绿象牙五色梳，费钱近二十万。”那真是太侈了，不知现在还有这样珍贵的梳否？同书又说到：“篦诚琐缕物也，然丈夫整鬓，妇人作眉，舍此无以代之，余名之曰鬓师眉匠。”以篦用之作眉，在现今似未闻见。大约古时妇人的眉较浓，不像现在剃去重画，所以也要篦作罢！惟如古人留须，也有用小梳梳须的，称为须师，倒更为切合。同书又云：“修养家谓梳为木齿丹，法用奴婢细意者执梳理发无数日，愈多愈神。”木齿丹究有何用，不得而知。惟据李时珍《本草纲目》中对于梳篦也有一条，云可“主小便淋沥，乳汁不通，霍乱转筋，噎塞”。就是这些功用吗？服法当然是将梳烧灰，和酒或水服之。可是这些有无医理根据，可不得而知了。

说到这里，篦也有一个很妙的故事，那便是宋时高俅就因篦刀而得宠的。据王明清《挥麈后录》云：

高俅者，本东坡先生小史，笔札颇工。东坡自翰苑出帅中山，留以予曾文肃。文肃以史令已多，辞之，东坡以属王晋卿。元符末，晋卿为枢密都承旨时，陵为端王，在潜邸日，已自好文，故与晋卿善。在殿庐侍班邂逅，王云：『今日偶忘记带篦刀子来，欲假以掠鬓可乎？』晋卿从腰间取之。王云：『此样甚新可爱。』晋卿言：『近造二副，一犹未用，少刻当以驰内。』至晚，遣俅赍往。值王在园中蹴鞠，俅候报之际，睥睨不已。王呼来前，询曰：『汝亦解此技耶？』俅曰：『能之。』漫令对蹴，遂惬王之意，大喜，呼隶辈云：『可往传语都尉，既谢篦刀之贶，并所送人皆辍留矣。』由是日见亲信。

按：祐陵即宋徽宗，蹴鞠犹今踢球。高俅为那时大权臣，不想他的得幸，竟是为了一副小小的篦刀呢。

六 针剪

Needles and Scissors

缝纫之具，其最重要者，为针为剪。针本作鍼，古又作箴，如《礼记·内则》云："衣裳绽裂，纫箴请补缀。"又如荀子《箴赋》云：

有物于此，生于山阜，处于室堂。无知无巧，善治衣裳；不盗不窃，穿窬而行。日夜合离，以成文章。以能合从，又善连衡。下覆百姓，上饰帝王。功业甚博，不见贤良。时用则存，不用则亡。臣愚不识，敢请之王。王曰：此夫始生钜其成功小者邪！长其尾而锐其剽者邪！头銛达而剽赵缭者邪！一往一来，结尾以为事；无羽无翼，反覆甚极。尾生而事起，尾邅而事已。簪以为父，管以为母。既以缝表，又以连里。夫是之谓箴理。

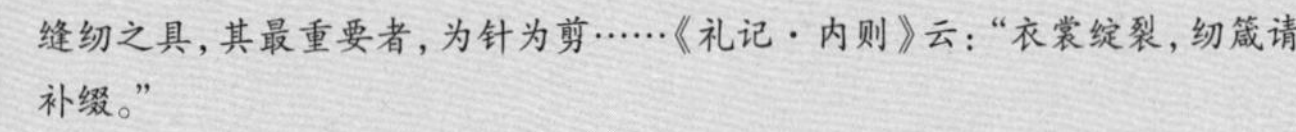

针剪

缝纫之具，其最重要者，为针为剪……《礼记·内则》云："衣裳绽裂，纫箴请补缀。"

这所说的箴，就是针。大约古时针本用竹所制，古字从竹，后则用金属所制，故字又改为金旁了。

针为谁人所发明，据明徐炬辑《古今事物原始》："《内传》云，太昊制九针之始。"这是说得很渺茫的，大约始有衣裳，就有针为之缝纫罢！

关于针的制法，明宋应星《天工开物》中说得很详细，兹就引录如下：

凡针先锤铁为细条，用铁尺一根，锥成线眼，抽过条铁成线，逐寸剪断为针。先鎈其末成颖，用小槌敲扁其本，刚锥穿鼻，复鎈其外，然后入釜，慢火炒熬。炒后以土末入松木火矢豆豉三物罨盖，下用火蒸，留针二三口，插于其外，以试火候。候其外针入手捻成粉碎，则其下针火候皆足，然后开封入水健之。凡引线成衣与刺绣者，其质皆刚，唯马尾刺工为冠者，则用柳条软针。分别之妙，在于水火健法云。

针 针为谁人所发明，据明徐炬辑《古今事物原始》："《内传》云，太昊制九针之始。"这是说得很渺茫的，大约始有衣裳，就有针为之缝纫罢！

又针亦有针神，此固为迷信之说，但也有个来历。据王嘉《拾遗记》云：

魏文帝美人薛夜来，妙于针工，虽处深帷重幄之内，不用灯蜡之光，裁制立成。非夜来缝制，帝则不服，宫中号曰针神。

此外现今云片刻难安，辄有“如坐针毡”之语，这也有个来历，如《晋书·杜锡传》云：

锡累迁太子中舍人，性亮直忠烈，屡谏愍怀太子，言辞恳切。太子患之，后置针著锡常所坐处毡中，刺之流血。他日，太子问锡：『向著何事？』锡对：『醉不知。』太子诘之曰：『君喜责人，何自作过也？』

剪刀的剪，本即前字，其旁刂即刀字，后以别于前后之前，于是又别作剪，其实剪则一字而有两刀了。

剪的意义，《说文》以为“齐断”，《释名》以为：“进也，所剪稍进前也。”据《事物原始》引《古史考》云：“铁器也，用以裁布帛，始于黄帝时。”其说自不可信，因为黄帝是在石器时代，哪里会用铁制剪刀呢？所以剪刀的发明，总要在用铁的时代。

剪刀虽不像针有针神，但却能成精，这当然又是迷信之说，如明刘玉《已疟编》云：

信州人袁著，夜经废宅，遇一黑面妇人，自称裂娘，堆双髻，衣红褐，佩两金环。正语间，忽不见，著疑惧，旋走退，宿于故知家。明日复至其所，但见污尘中积褐一堆，拨开得一剪刀，乃知昨所遇者，剪刀精也。

剪刀在古时以并州制者为最有名，现在则以杭州的张小泉所制，颇负盛誉。并州的剪刀，大诗人杜甫诗里便曾提到，因此后人引用很多。宋陈岩肖《庚溪诗话》云：

少陵诗，非特纪事，至于都邑所出，土地所生，物之有无贵贱，亦时见于吟咏。建炎己酉岁，车驾驻驿建康，毗陵钱申仲绅赴召命，仆亦以事至彼，与之同邸。申仲以能诗自负，常作诗话甚详。余偶用其剪纸刀，渠颇靳之，且曰：『此刀惟吾乡所造者颇佳，他处不及也。』余戏之曰：『仙乡剪刀虽佳，然不及太原也。』钱曰：『太原唯出铜器，未闻出剪刀也。』余曰：『君深于诗，而不知此耶？子美诗曰，焉得并州快剪刀，剪取吴淞半江水。吾岂妄言哉？』钱大笑，因而定交。

七 盌盆

Bowls and Basins

食器之中，今以盌（“碗”的异体字——编者注）为用最广。按：盌古亦作椀，今俗又作碗。盖盌古有用木制的，故字可从木，如《北齐书·卢叔武传》云：“但有粟飧葵菜，木椀盛之。”今则多以磁制成，故字又从石旁罢！

古时以盌为盂的小者，《说文》云：“盌，小盂也。”《方言》以为：“盂，宋楚魏之间或谓之盌，盌谓之盂。”则在其前盌盂往往难分，各地有各地的说法。盂据《说文》称为“饭器”，正与今同。惟古时亦作酒器，故饮酒往往以盌论，如《三国志·吴书·甘宁传》云：

曹公出濡须，宁为前部督，受敕出斫敌前营。孙权特赐米酒众殽，宁先以银盌酌酒，自饮两盌，乃酌与其都督，都督伏不肯时持。宁引白削置膝上，呵谓之曰：『卿见知于至尊，孰与甘宁？宁尚不惜死，卿独惜死乎？』都督即起拜，持酒通酌，兵各一银盌。至二更时，衔枚出斫敌，敌惊动，遂退，宁益贵重。

这是以盌作酒器之证。而当时用的是银盌，实为最普通的，并非像现在视为贵器。此外见诸于载籍的，《中华古今注》“魏武帝以马勒砗磲石为酒盌”，《世说新语》“王导举琉璃盌”，《晋书·周访传》“王敦遗访以玉盌”，《抱朴子》“外国作水精盌”，《洛阳伽蓝记》“元琛豪富，酒器有玛瑙琉璃盌”，《隋书·高祖本纪》“突厥遣使献七宝盌”，《唐摭言》“文宗赐王源中金盌”，然这些不过质料用得名贵而已，最神奇的则莫如玉精盌，据唐段成式《酉阳杂俎》云：

> 马侍中尝宝一玉精盌，夏蝇不近，盛水经月，不腐不耗，或目痛，含之立愈。尝匣于卧内，有小奴七八岁，偷弄坠破焉。时马出未归，左右惊惧，忽失小奴。马知之大怒，鞭左右数百，将杀小奴，三日寻之不获。有婢晨治地，见紫衣带垂于寝床下，视之乃小奴蹶张其床而负焉，不食三日，而力不衰。马睹之大骇曰：『破吾盌乃细过也？』即令左右撲杀之。

为了一盌而杀一人，马侍中固然太残酷了，但此盌竟使蝇不能近，水不能腐，且可愈目疾，实为一名贵的宝器，无怪马氏要出此手段以报复了。

盌的最早施用大约是在汉时，所以经书中绝没有盌字，但汉以前并非没有盌的，不过名称有异而已。如“簠”“簋”皆古的食器，簠形外方内圆，以盛加膳；簋形外圆内方，以盛常膳。又如“豆”，分三种：木豆谓之豆，竹豆谓之笾，瓦豆谓之登，都是古时的食肉器。其形状正如豆形，无耳无足。又如“敦”（音对），则有盖有耳，底则或方或圆，或有足或无足，其用亦以盛食。综合此数者，皆古所谓食器，据《博古图》所绘形状，颇与今日所谓西式洋盌相似，只是古制久已不存，所以今人知者已很稀了。

盌之外为盆，今亦为重要食器之一，盌深而盆浅，此其不同的地方。例外的如面盆花盆之类，虽名为盆，却深与盌同。盆的发明则较盌为早，《礼记·礼器》有：“奥者老妇之祭也，盛于盆。”注谓：“盛食于盆，卑贱之祭。”可知古虽有盆，而实贱之。

但古制的盆实与今制又不同。按：《说文》：“盆，盎也。”《尔雅》：“盎谓之缶。”疏云：“缶是瓦器，可以节乐，如今击瓯；又可以盛水盛酒，即今之瓦盆也。”又《急就篇注》：“缶即盎也，大腹而敛口。”此则以盆即盎，又以盎即缶，其形为大腹而敛口，正如现在的瓶状，所以可以盛水盛酒。若今的盆，除面盆花盆外，殆不能作盛水酒之用。是知古今已多变制。然古人所用面盆，实称为“盘”，如《礼记·内则》云：“适父母舅姑之所，进盥，少者奉盘，长者奉水请沃盥。”此盘即正所谓面盆。又称为“洗”，《仪礼·士冠礼》：“夙兴设洗。”注云：“洗，承盥洗者，弃水器也。”《博古图》以为盘洗实同，“盘以言其形，洗以言其用”。今除称“笔洗”犹称为洗外，余多不称为洗了。

至于盆可以节乐，著名的故事，就是庄子鼓盆而歌那回事了。《庄子·至乐篇》云：

庄子妻死，惠子吊之，庄子则方箕踞鼓盆而歌。惠子曰：『与人居长子老，身死不哭亦足矣，又鼓盆而歌，不亦甚乎？』庄子曰：『不然。是其始死也，我独何能无概然。察其始而本无生，非徒无生也而本无形，非徒无形也而本无气。杂乎芒芴之间，变而有气，气变而有形，形变而有生，今又变而之死，是相与为春秋冬夏四时行也。人且偃然寝于巨室，而我嗷嗷然随而哭之，自以为不通乎命，故止也。』

今以丧妻谓"鼓盆"，即本于此。

八 杯盘

Mugs and Plates

今以碗小者曰杯，如茶杯酒杯。盆大者曰盘，如果盘茶盘。杯本作桮，省作杯，俗又作盃。盘古亦作槃作鎜。大约其器最早用木所制，则字从木；后用铜锡制，则又从金；又以均为器皿，故又从皿罢！

杯在古时亦如现今，多为饮酒喝茶之用，故为饮器之最主要者。惟提起饮器，则古时名目殊多，不像现在统称为杯那样简单。如“尊”，《说文》以为：“酒器也，从酋，廾以奉之，或从寸。”尊本来有许多形状，大小也不一定，但后来常以酒杯称之为尊。又如“爵”，据《博古图·爵志说》云：

凡彝器有取于物者小，而在礼实大，其为器也至微，而其所以设施也至广，若爵之为器是也。盖爵于饮器为特小，然主饮必自爵始，故曰在礼实大。爵于彝器是为至微，然而礼天地，交鬼神，和宾客，以至冠婚丧祭，朝聘乡射，无所不用，则其为设施也至广矣。考之前世，凡觞一升曰爵，二升曰觚，三升曰觯，四升曰角，五升曰散。则爵之所取者小，又其为器至微也信然。然周鉴前古礼文大成，而特以爵名其一代之器，则岂不有谓。盖以在夏曰琖，在商曰斝，在周曰爵。名虽殊而用则一，则其取象各具一妙理耳，故其形制大抵皆近似之。琖从戋，故三足象戈；斝戒喧，故二口作喧；爵则又取其雀之象，盖爵之字通于雀，雀小者之道，下顺而上逆也，俛而啄，仰而四顾，其虑患也深。今考诸爵，前若嘴，后若尾足修而锐，形若戈然，两柱为耳。及求之《礼图》，则刻木作雀形，背负琖，无复古制，是皆汉儒臆说之学也。

从这一段文字里面，使我们知道古之饮器实多。今祭器犹有爵，多用铜所制。琖今作盏，古以玉饰之，故字从玉。此外又有"卮"与"觥"。卮多为玉所制，所谓金盏玉卮，古以为贵重的饮器。觥则现在语文中所说的"觥筹交错"，亦指为饮器之一，其实早无此器了，只作为酒杯的代词而已。按：觥之为器，诚如唐孔颖达疏《诗·卷耳》"我姑酌彼兕觥"所云：

兕似牛一角，青色，重千斤。以其言兕，必用兕角为之。觥，角爵。《韩诗》说：『一升曰爵，爵尽也，足也；二升曰觚，觚寡也，饮当寡少；三升曰觯，觯适也，饮当自适也；四升曰角，角触也，不能自适触罪过也；五升曰散，散讪也，饮不自节为人谤讪：总名曰爵，其实曰觞，觞者饷也。』《毛诗》说觥大七升。许慎谨案，觥罚有过，一饮而尽七升为过多。由此言之，则觥是觚觯角散之外，别有此器。故《礼器》曰：『宗庙之祭，贵者献以爵，贱者献以散；尊者举觯，卑者举角。』特牲二爵二觚四觯一角一散。不言觥之所用，是正礼无觥，不在五爵之例。《礼图》云：『觥大七升，以兕角为之。』先师云：『刻木为之，形如兕角。』盖无兕者，用木也。

由此可知觥实酒器之最大者。又《诗经·七月》有:“跻彼公堂,称彼兕觥,万寿无疆。”故今人称举觥,又含有颂祝之意。

以上皆为古时饮器的名称,可知大小不一,名目殊繁,今惟称杯称盏,而盏则似又较杯为小者之称。杯在上古殊乏其称。经书中仅《礼记·玉藻》中有:“母没而杯圈不能饮焉,口泽之气存焉尔。”秦汉以后,杯称始多。而汉人有用白杯的,故后人饮酒,辄有“浮一大白”之说;或云白指白波。宋黄朝英《靖康缃素杂记》云:

宋景文公诗云:『镂管喜传吟处笔,白波催卷醉时杯。』读此诗不晓白波事。及观《资暇录》云:『饮酒之卷白波,盖起于东汉既擒白波贼,戮之如卷席然,故酒席仿之,以快人情气也。疑出于此。』余恐其不然。盖白者罚爵之名,饮有不尽者,则以此爵罚之,故班固《叙传》云:『诸侍中皆饮满举白。』左太冲《吴都赋》云:『飞觞举白。』注云:『行觞疾如飞也,大白,杯名。』又魏文侯与大夫饮酒,令曰:『不釂者浮以大白。』于是公乘不仁举白浮君。所谓卷白波者,盖卷白上之酒波耳,言其饮酒之快也,故景文公以白波对镂管者,诚有谓焉。按:《汉书》,黄巾余党后起西河白波谷,号曰白波贼,众十余万。

按：魏文侯之说，始见于汉刘向的《说苑》，是周时已有此称，不知确否？

杯在古时或用木制，或用玉制，后则又用磁制，种类自然很多。此外也有异想天开的，如唐段公路《北户录》云：

红虾出潮州、潘州、南巴县，大者长二尺，土人多理为杯。王子年《拾遗》云：『大虾长一尺，须可为簪。』《洞冥记》载『虾须杖』，兼《名苑》云：『广州献虾头杯，筒文将盛酒，无故自跃，乃不复用。』愚又按《毛诗义疏》，其大者有一尺六七寸，今九真交趾以为杯盘，实奇物也。

这可说是"虾杯"。又如宋范成大《桂海虞衡志》云：

青螺状如田螺，其大两拳，揩磨去粗皮，如翡翠色，雕琢为酒杯。鹦鹉螺如蜗牛壳，磨治出精采，亦雕琢为酒杯。

这可说是"螺杯"。另据明顾岕《海槎馀录》云:"鹦鹉杯即海螺产于文昌海面,头淡青色,身白色,周遭间赤色数棱。好事者用金镶饰,凡头颈足翅俱备,置之几案,亦异当耳。"按:元伊世珍《琅環记》云:"金母召群仙宴于赤水,命谢长珠鼓拂云之琴,舞惊波之曲,坐有碧金鹦鹉杯,白玉鸬鹚杓,杯干则杓自挹,欲饮则杯自举。故太白诗云,鸬鹚杓,鹦鹉杯,非指广南海螺杯杓也。"则未免是神仙之语,不足为信。又如宋傅肱《蟹谱》云:

其斗之大者(匡一名斗),渔人或用以酾酒,谓之蟹杯,亦诃陵云螺之流也。

这是“蟹杯”。按:《觥记注》云:“蟹杯以金银为之,饮不得其法,则双螯钳其唇,必尽乃脱,其制甚巧。”乃并非真蟹所制,是象作蟹形,且螯能钳唇,确可谓神技极了。而最奇特的,则为“金莲杯”,即以女人的鞋为杯也,如元陶宗仪《南村辍耕录》云:

> 杨铁崖耽好声色,每于筵间,见歌儿舞女,有缠足纤小者,则脱其鞋,载盏以行酒,谓之『金莲杯』。予窃怪其可厌,后读张邦基《墨庄漫录》载王深辅道《双凫诗》云:『时时行地罗裙掩,双手更擎春潋滟。傍人都道不须辞,尽做十分能几点。春柔浅醮蒲萄暖,和笑劝人教引满。洛尘忽浥不胜娇,刬踏金莲行款款。』观此诗,则老子之疏狂有自来矣。

杯可说者就止于此。至于像现在的玻璃杯，按:《觥记注》云:“唐武德二年西域献玻璃杯。”似至唐时方有的。但古时称玻璃亦为琉璃，则琉璃杯汉时也已有了。

现在要说到盘了。盘在古时有两种用处，一以盛物，如今的果盘；一以盛水，如今的面盆。所以如现今的浴盆，古亦称为澡盘。先言盛物，如《周礼·天官》:“玉府若合诸侯，则共珠槃玉敦。”注谓:“珠玉以为饰，古者以槃盛血，以敦盛食。”又如《礼记·内则》:“适父母舅姑之所进盥，少者奉盘，长者奉水请沃盥。”即洗手之时，以盘盛水的。澡盘则《魏武上杂物疏》中曾云:“御物有容五石铜澡盘。”可知汉时已有其物。此外以盘作他用的，如唐刘悚《隋唐嘉话》云:

隋高颎仆射，每以盘盛粉置于卧侧，思得一公事，辄书其上，至明则录以入朝行之。

以盘盛粉作书，诚可谓前所未闻。至盘之所制，大抵不外金玉珠宝。然亦有特别神妙的，如宋陶穀《清异录》云：

唐内库有一盘，色正黄，圜三尺，四周有物象。元和中偶用之，觉逐时物象变更，辰时花草间皆戏龙，转巳则为蛇，转午则成马矣，因号『十二时盘』，流传及朱梁犹在。

则不知用何物所制，使它能够转变如此了。

最后因盘而说到一个极骇人的故事，那或许是实有的。《耳目记》云：

隋末，深州诸葛昂性豪侠，渤海高瓒闻而造之，为设鸡豚而已。瓒小其用，明日大设屈昂，盘作酒碗行巡，自为金刚舞以送之。昂后日报设，先令妾行酒。妾无故笑，昂叱下。须臾，蒸此妾坐银盘，仍饰以脂粉，衣以锦绣。遂擘骰肉以啖。瓒诸人皆掩目，昂食之，尽饱而止。

这种真是奇闻，然也太无人道了。

Spoons and Chopsticks

匙,《说文》云:“匕也。”匕音比,《说文》以为:“相与比叙也,亦所以用取饭。”按:古有匕而无匙,匕实如今的饭秉(音鳖),可以取饭,亦可以载肉。字亦作朼,《礼记·杂记》云:“朼以桑长三尺,或曰五尺。”注:“朼所以载牲体也。丧祭用桑,吉则用棘。”盖皆用木所制,而长竟至三尺或五尺,所以与今匙实不同。

今之匙形,实与古之勺形相似,惟容量亦大不相同,盖古勺普通可容一升,为饮器之一,如《考工记》云:“梓人为饮器,勺一升。”今称茶匙或为茶勺,盖即其形相似而通称的。

箸又作筯,古多以竹为之,故字从竹。古亦称为梜,如《礼记·曲礼》:“羹之有菜者用梜,其无菜者不用梜。”据注:“梜,箸也。”是或为木所制,故字从木。今人则又称筷,据明人《推篷寤语》云:

世有讳恶字而呼为美字者,如立箸讳滞,呼为快子,今因流传之久,至有士大夫间,亦呼箸为快子者,忘其始也。

此以箸音近滞，故反而称之。原呼快速之快，后来又索性加个竹头，真为箸的另一名称了。

今用饭除西式外，多用箸，匙不过取汤而已。然一按古制，则匙实用以取饭，《礼记·曲礼》有云：“饭黍毋以箸。”注谓：“贵其匕之便也。”所以用饭也用匙的。

又今人用饭，常于用毕拱箸致恭，以为敬礼。哪知明太祖却最讨厌此种俗套，如明徐祯卿《翦胜野闻》云：

翰林应奉唐肃，初以失朝，坐免官归乡里。太祖重其才，再召入。尝命侍膳，食讫拱箸致恭。帝问曰：『此何礼也？』肃对曰：『臣少习俗礼。』帝怒曰：『俗礼可施之天子乎？』罪坐不敬，谪戍濠州。

一〇 壶瓶

Pots and Vases

壶本为瓜名,《诗经·豳风·七月》所谓"八月断壶",壶即今所谓葫芦,后以盛物之器,其形如壶,亦谓之壶。宋黄伯思《汉象形壶说》云:

按壶之象,如瓜壶之壶,《豳诗》所谓『八月断壶』,盖瓜壶也。上古之时,洼尊而抔饮,蕢桴而土鼓,因壶以为壶。后世弥文,或陶或铸,皆取象焉,然形模大致近之,不必全体若真物也。

是的，今所见到古代的壶，不尽全像壶的，或圆或方，或高或扁，或有盖柄。但不论大小如何，总是口底较小，腹部特大，而略如壶状。此种壶器，多以盛酒。但现在普通所用的酒壶，必有柄有嘴，所以便于筛泻。此在古时，有柄的则称为卣（音酉），有嘴的则称为盉（音禾），然卣可盛酒，而盉则古以为调味器。此种名称，自汉以后，亦渐无闻，所以现在多通称为壶了。今壶不但盛酒，盛茶亦可。而茶壶所出，尤以宜兴为最著名，考其由来，则实始于明，清吴梅鼎《阳羡磁壶赋序》云：

六尊有壶，或方或圆，或大或小，方者腹圆，圆者腹方，范金琢玉，弥甚其侈；独阳羡以陶为之，有虞之遗意也。然粗而不精与窳等。余从祖拳石公读书南山，携一童子名供春，见土人以泥为缶，即澄其泥以为壶，极古秀可爱，世所谓『供春壶』是也。嗣是时子大彬师之，曲尽厥妙。数十年中，仲美仲芳之伦，用卿君用之属，接踵骋伎，而友泉徐子集大成焉。一瓷罂耳，价埒金玉，不几异乎？

按：宜兴即古阳羡，据云此种壶之可贵，不仅其式样美观，且盛茶能不失原味云。

此外有一种铜壶，盛汤可以取暖，俗称“汤婆子”。按：此物宋时已有，如清赵翼《陔馀丛考》云：

> 今人用铜锡器盛汤，置衾中煖脚，谓之『汤婆子』，或以对『竹夫人』。按：此名虽不经见，然东坡有致杨君素札云：『送暖脚铜缶一枚，每夜热汤注满，塞其口，仍以布单裹之，可以达旦不冷。』然则此物起于宋，其名当亦已有之。按：范石湖有《脚婆诗》，则是时并有脚婆之称也。

按：黄庭坚有《戏咏暖足瓶诗》，则当时又称为暖足瓶。明于谦有《咏汤婆》，自注一名暖足瓶，其名或始于明时的。

以上所说的壶，在现今看来都可叫做瓶。然古时壶尊而瓶卑，故王者不用瓶而用壶。《礼记·礼器》有云："奥者老妇之祭也，盛于盆，尊于瓶。"注："老妇先炊者也，盆瓶炊器也。老妇之祭其祭卑，惟盛食于盆，盛酒于瓶。"故经书言瓶之事甚少。其字从瓦，可知为瓦器而已，以壶由铜制者，亦显然有尊卑之分。惟至后世亦有铜为之，至唐则又用磁。明陈继儒《群碎录》云：

古无磁瓶，皆以铜为之，至唐始尚窑器，厥后有柴、汝、官、哥、定、龙泉、均州、章生、乌泥、宣城等窑，而品类多矣。尚古莫如铜器，窑则柴汝最贵，官、哥、宣、定为当今第一珍品，而龙泉、均州、章生、乌泥、成化等瓶，亦以次见重矣。

按：以上诸窑，除成化外，皆始于宋时。唐时惟有越窑为最著名。宋叶寘《垣斋笔衡》说之很详：

陶器自舜时便有。三代迄于秦汉，所谓甓器是也。今土中得者，其质浑厚，不务色泽。末俗尚靡，不贵金玉，而贵铜磁，遂有秘色窑器，世言钱氏有国日，越州烧进，不得臣庶用，故云『秘色』。陆龟蒙诗：『九秋风露越窑开，夺得千峰翠色来。好向中宵盛沆瀣，共嵇中散斗遗杯。』乃知唐世已有，非始于钱氏。本朝以定州白磁器有芒不堪用，遂命汝州造青窑器，故河北唐邓耀州悉有之，汝窑为魁。江南则处州龙泉县窑，质颇粗厚。政和间，京师自置窑烧造，名曰官窑。中兴渡江，有邵成章提举后苑，号邵局，袭故京遗制，置窑于修内司造青器，名内窑。澄泥为范，极其精致，油色莹彻，为世所珍。后郊坛下别立新窑，比旧窑大不侔矣。余如乌泥窑，余杭窑，续窑，皆非官窑比。若谓旧越窑，不复见矣。

至于柴窑或传为柴世宗(即周世宗姓柴)所烧造，所司请其色，御批云："雨过天青云破处，这般颜色做将来。"今磁器的雨过天青色者，皆仿柴窑；或传制器者姓柴，故名。章生据明陆深《春风堂随笔》云："宋时有章生一生二兄弟，皆处州人，主龙泉之琉田窑。生二所陶青器，纯粹如美玉，为世所贵，即官窑之类；生一所陶者色淡，故名哥窑。"则实为哥窑的别称。然今说磁器，多称景德镇。按：其地宋时本已有窑，犹未著名，后却被毁。宋周煇《清波杂志》云：

饶州景德镇，陶器所自出。于大观间，窑变色，红如朱砂，谓荧惑躔度临照而然，物反常为妖，窑户亟碎之。

至明时乃重加复兴，遂大著名，以迄于今时，明王世懋《窥天外乘》云：

宋时窑器以汝州为第一，而京师自置官窑次之。我朝则专设于浮梁县之景德镇。永乐、宣德间，内府烧造，迄今为贵。其时以骔眼甜白为常，以苏麻离青为饰，以鲜红为宝。至成化间，所烧尚五色炫烂，然而回青未有也。回青者，出外国，正德间，大珰镇云南，得之，以炼石为伪宝，其价，初倍黄金，已知其可烧窑器，用之果佳，嗣是阖镇用之。

因为说到瓶，就说了许多磁窑。到了现在，瓶类大抵以玻璃制的为多，不以为奇，然在古时亦以为贵，且造出种种的神话来，如唐薛渔思著《河东记》云：

唐贞元中，扬州坊市间，忽有一妓术丐乞者，不知所从来。自称姓胡，名媚儿，所为颇甚怪异。……一旦怀中出一琉璃瓶子，可受半升，表里烘明，如不隔物。遂置于席上，初谓观者曰：『有人施与满此瓶子，则足矣。』瓶口刚如苇管大，有人与之百钱，投之，琤然有声，则见瓶间大如粟粒，众皆异之。复有人与之千钱……十万二十万，皆如之。或有以马驴入之瓶中，见人马皆如蝇大，动行如故。须臾，有度支两税纲，自扬子院部轻货数十车至。驻观之，以其一时入，或终不能致将他物往，且谓官物不足疑者。乃谓媚儿曰：『尔能令诸车皆入此中乎？』媚儿曰：『许之则可。』纲曰：『且试之。』媚儿乃微侧瓶口，大喝，诸车辂辂相继，悉入瓶，瓶中历历如行蚁然。有顷，渐不见。媚儿即跳身入瓶中，纲乃大惊，遽取扑破。求之一无所有，从此失媚儿所在。后月余日，有人于清河北，逢媚儿。部领车乘，趋东平而去。

此当绝无其事，不过示瓶的神奇而已。此外今有热水瓶，亦玻璃所制，因用真空法，可以保冷保热。按：宋洪迈《夷坚志》云：

张虞卿者，文定公齐贤裔孙，居西京伊阳县小水镇，得古瓦瓶于土中，色甚黑，颇爱之，置书室养花。方冬极寒，一夕忘去水，意为冻裂，及验之，凡他物有水皆冻，独此瓶不然。异之，试注以汤，终日不冷。张或与客出郊，置瓶于箧，倾水瀹茗，皆如新沸者。自是始知秘惜。后为醉仆触碎，视其中，与常陶器等，但夹底厚几二寸，有鬼执火以燎，刻画甚精，无人能识其为何时物也。

这与现在热水瓶极相似。云鬼燎火，自是附会之谈，而此夹底，正是真空所在，岂古时已有这种发明了？

二一 甑镬

Rice Steamers and Woks

甑镬为今厨房中所用最重要的器物。古亦如此，宋刘恕《通鉴外纪》所谓："黄帝作甑，而民始饭。黄帝作釜灶，而民始粥。"甑字从瓦，故为瓦器；釜即今所谓镬，字从金旁，故为金属所制。

甑在古时亦以炊饭，故如《考工记》所云："陶人甑实二鬴，厚半寸，唇寸，七穿。"据郑锷注云：

甑以蒸物。《尔雅》言甑谓之鬵。《诗》所谓『溉之釜鬵』者，亦甑之名也。其厚其唇，制作皆与甗同，其实亦无多寡之异。所以异者，甑有底，而其底有七孔耳。

底有七孔，则与现在所谓瓦器的甑，实不相同。现在的甑，只可盛肴，没有再作蒸物用的。其形如缸，不过较缸为小。按：缸古作瓨，《说文》云："似罂长颈，受十升。"亦与今不同。盖现在的甑缸，都是大口小底，无颈可言。可知古今异制，其间又经过许多的变革了。或者古无是物，今无是称，遂以古称今物，所以有此歧异罢！

至于甗（音彦），《考工记》中亦谓："实二鬴，厚半寸，唇寸。"只是与甑相较，没有底罢了。据《博古图》云：

甗之为器，上若甑而足以炊物，下若鬲而足以任物，盖兼二器而有之。或三足而圜，或四足而方。

则甗所谓无底者，其实却有足，不过合甑鬲两物为一而已。但也有无足的，如汉的偃耳甗，据《博古图》所绘形状看来，颇如现在所谓锅。按：锅据《说文》说是"车缸"，即车毂中的铁，实无作炊物的解释。惟汉扬雄《方言》曾说"自关而西，盛膏者乃谓之锅"，则古时确也有称盛膏器为锅的。今则殆与镬并称，其用度亦相似，不过形制略异而已。明张自烈《正字通》云"俗谓釜为锅"，或者明人已有此种称法了。

镬则通常又称为釜。按：釜本作鬴，古多作为量器名，如《周礼·地官·廪人》："凡万民之食食者，人四鬴，上也；人三鬴，中也；人二鬴，下也。"据注："六斗四升曰鬴。"大约其物如鬲而无足，亦可以炊物，故后人遂称镬亦为釜。《诗·采蘋》所谓："于以湘之，维锜及釜。"《传》谓："湘亨也，锜釜属，有足曰锜，无足曰釜。"亨与烹通。但经书中称烹物的还多是镬。如《周礼·天官》："亨人掌共鼎镬，以给水火之齐。"郑玄注云："镬所以煮肉及鱼腊之器，既熟乃脀于鼎。"又如《仪礼·少牢》：

“雍人陈鼎五，三鼎在羊镬之西，二鼎在豕镬之西。”

说到镬，就要说到鼎，如上所引，鼎镬常多并称。鼎，诚如《说文》所云：“三足两耳，和五味之彝器也。”彝器只是一种常用的器具，自后世重视鼎后，于是鼎遂变而为宝物，不再与镬并列。《周易正义》所谓：“鼎者，器之名也。自火化之后铸金，而为此器，以供烹饪之用，谓之为鼎。然则鼎之为器，且有二义：一有烹饪之用，一有物象之法。”以其有象物之法，自不必再作烹饪之用了。

推鼎之所以被后人重视如此者，实由于传说中黄帝曾铸神鼎而禹亦铸九鼎，皆有奇异的说法，如孙氏《瑞应图》云：

神鼎者，质文之精也，知吉凶存亡，能轻能重，能息能行，不灼而沸，不汲自盈，中生五味。昔黄帝作鼎象太乙；禹治水收天下美铜，以为九鼎，象九州。王者兴则出，衰则去。

这真是荒诞之说，然而古时确信以为真，《汉书·郊祀志》中也说：

闻昔泰帝兴神鼎一，一者一统，天地万物所系象也。黄帝作宝鼎三，象天地人。禹收九牧之金，铸九鼎，象九州。……夏德衰，鼎迁于殷；殷德衰，鼎迁于周；周德衰，鼎迁于秦；秦德衰，宋之社亡，鼎乃沦伏而不见。

但后来在汉武帝元鼎元年，据说在汾阴又得到那宝鼎了。宝鼎既有关盛衰，得鼎便也如得了天下，王者遂视为祥瑞的符征，即使没有，也要伪造以装场面，因此其他的鼎，身价也为之增高了。然其实这种宝鼎，诚如宋洪迈所说，未必是实有的。他在《容斋三笔》里说：

> 夏禹铸九鼎，唯见于《左传》王孙满对楚子，及灵王欲求鼎之言。其后《史记》乃有鼎震及沦入于泗水之说。且以秦之强暴，视衰周如几上肉，何所畏而不取？周亦何辞以却？赧王之亡，尽以宝器入秦，而独遗此。以神器如是之重，决无沦没之理。泗水不在周境内，使何人般舁而往，宁无一人知之以告秦耶？始皇使人没水求之不获，盖亦为传闻所误。《三礼》经所载钟彝名数详矣，独未尝一及之；《诗》《易》所书，固亦可考。以予揣之，未必有是物也。

所以在汉以后，那种宝鼎也就无闻了。有之，则唐武后及宋徽宗都曾仿造过而已。武后的九鼎，那真是要吓坏人，据《续博物志》云：

唐则天于东都造明堂，高三百尺。九州鼎置明堂之下，当中豫州鼎，高一丈八尺，受一千八百石余。各依方面，高一丈四尺，受一千二百石。用铜五十六万七百一十二斤。

按：如汉武所得汾阴宝鼎，也不过受十二石，而此竟能受千八百石之多，那是要百倍大于古鼎了，真是鼎中未有的奇观。至于普通的鼎，不过一二尺或数寸高而已。

鼎在古时也未必全是圆形三足的，也有方形四足，不过较少罢了。初时或仅为烹饪之器，但后来也用之于饮食，即在现今，还有这样的食器。不过古时还有一种鬲的，似鼎而略不同，这倒还是用作炊器的。《博古图》有云：

> 《周官》陶人之职，所司之物，而鬲居其一。夫鬲與鼎致用则同，然祀天地礼鬼神交宾客修异馔必以鼎；至于常饪则以鬲。是以语夫食之盛，则必曰鼎盛，语夫事之革，则必曰鼎新。而鬲则特言其器而无义焉。《尔雅》以『鼎款足者谓之鬲』。《汉志》谓：『空足曰鬲，以象三德。』盖自腹所容，通于三鬲，其制取夫爨火，则气由是而易以通也。

盖鬲与鼎所不同者，即在足一部分。鼎足不与上通，盖鼎后来不必用于烹饪的了。鬲则足中空而与上通，所以仍可烹饪的。不过现在已没有像这样的烹饪器，惟一的是用镬了。

三 灯烛

Lamps and Candles

灯本作镫，《说文》云：“镫，锭也。”徐铉注云：“锭中置烛，故谓之镫，今俗别作灯，非是。”盖古时灯多为铜所制，故字从金旁，后世制料不一，故字又改从火旁罢！

按：灯之起源，似始于秦汉，秦以前但有烛而无灯。然古烛亦并非如现今用蜡或柏油所制，乃是一种火炬。《周礼·秋官》：“司烜氏凡邦之大事，共坟烛庭燎。”郑玄注云：“坟大也，树于门外曰大烛，树于门内曰庭燎，皆所以照众为明。”又云：“燎，地烛。”此种烛燎，皆用松苇竹麻等物为中心，加以缠束，而灌以脂膏，故如今的火炬，不必另用灯的。

至秦以后乃有灯，而灯也未必用烛。《三秦记》云：“始皇墓中燃鲸鱼膏为灯。”此说不知可信否？但如《西京杂记》所载，则秦宫中确有灯的，而且精巧得很。《记》云：

高祖初入咸阳宫，周行库府，金玉珍宝，不可称言。其尤惊异者，有青玉五枝灯，高七尺五寸，下作蟠螭，以口衔灯，灯燃鳞甲皆动，焕炳若列星而盈室焉。

又记:“长安巧工丁缓者,为常满灯,七龙五凤,杂以芙蓉莲藕之奇。”此丁缓当是汉初人,而制灯也很精巧的。至于后世,则灯的花样日多,尤其自唐以后,有上元张灯之事,于是灯制更为奇巧,名目不一。然此种不过是一时之巧,未必为常用的(其详可阅《岁时令节》上元节),这里也不一一说明了。

此外另有一种灯笼,即以笼为灯,可以携之而行。据明徐炬辑《古今事物原始》云:

徐广曰:灯笼一名篝烛,燃于内,光映于外,以引人步,始于夏时。赵宋刘随为通判,人号水晶灯笼。坡诗蜡纸灯笼挑云母。

至于后世，则灯的花样日多，尤其自唐以后，有上元张灯之事，于是灯制更为奇巧，名目不一。

云始于夏时，极不可信。惟南朝宋武帝微时，曾用葛灯笼，见《宋书·高祖本纪》，是知已有灯笼了，用葛所制，但是否携之而行，犹不可知。不过既有了灯，自可携行，也许汉时已有了的。又《田家五行》云：

> 灯花不可剔去，至一更不谢，明日有吉事；半夜不谢，主有连绵喜庆之事，或有远亲信物至。谚云：『灯花今夜开，明朝喜事来。』久阴天息灯，灯煤如炭红，良久不过，明日喜晴。谚云：『火留星，必定晴。』久晴后火煤便灭，主喜雨。

这当然是迷信之谈，但现在还有许多人这样说的。

至于烛，像现在所用的蜡烛，恐怕也至汉时方有的，《西京杂记》云："寒食禁火日，赐侯家蜡烛。"此以前所谓烛者，恐都是火炬之类。《礼记》注有云："古者未有蜡烛，唯呼火炬为烛。"

烛

像现在所用的蜡烛，恐怕也至汉时方有的，《西京杂记》云："寒食禁火日，赐侯家蜡烛。"此以前所谓烛者，恐都是火炬之类。

烛在唐时有极讲究的，据《同昌公主外传》云：

公主始有疾，召术士米宾为禳法，乃以香蜡烛遗之。米氏之邻人觉香气异常，或诣门诘其故，宾具以事对。出其烛方二寸，长尺余，其上施五彩。爇之，竟夕不尽，郁烈之气可闻于百步余，烟出其上，即成楼阁台殿之状；或云，烛中有蜃脂也。

其后宋宫中所用宫烛，即用此法制成的，但不知现在还有此种佳烛否？又宋陶穀《清异录》云：

同昌公主薨，帝伤悼不已，以仙音烛赐安国寺，冀追冥福。其状为高层露台，杂宝为之，花鸟皆玲珑。台上安烛，既燃点，则玲珑者皆动，丁当清妙，烛尽响绝。

器用杂物

这又是今所未闻的特别烛了。此外与灯烛有关，用以取火的，今皆用火柴，古则用火绒，以为火柴来自外洋，故俗又称“洋火”。但不知我国在五代时已有此物，如元陶宗仪《南村辍耕录》云：

杭人削松木为小片，其薄如纸，镕硫黄涂木片顶分许，名曰发烛，又曰焠儿，盖发火及代灯烛用也。史载周建德六年，齐后妃者，贫以发烛为业，岂即杭人之所制与？《清异录》云：『夜有急，苦于作灯之缓，有知者批杉条染硫黄，置之待用。一与火遇得焰穗然，既神之，呼引光奴。今遂有货者，易名火寸。』按此则焠寸声相近，字之讹也，然引光奴之名为新。

此引光奴非即火柴吗？但不知当时又为何人所发明的。

一三 几案

Tables

专心其志

几案原是同属的器具,《说文》所谓:“案,几属也。”今除“茶几”仍称为几外,余则多称桌称檯,称几称案已很少了。按:古时的几案,实不若今制的高。桌字原为卓字,高的意思,元曲中正多写作“卓”字,而古无桌字。檯或简作枱,然檯原为木名,枱则《说文》称为“耒端木”,《博雅》释作“柄也”。今以几案为檯,可知也是后来所改称的。大约称檯乃由臺字而来,臺的建筑较高,《说文》所谓“观四方而高者”为臺。后人使彼此画分起见,乃又借檯字以应用罢,实则最初也无此种称谓的。

按:古几之制,据《周礼·春官》有五几之别,郑玄以为:“五几:左、右、玉雕、彤漆、素。”至其大小高下如何,据《三礼图》云:

阮谌《图》:『几长五尺,高尺二寸,广二尺,两端赤,中央黑漆。』马融以为:『长三尺。』案:『司几筵掌五几,左、右、玉雕、彤漆、素。』详五几之名,是无两端赤中央黑漆矣,盖取彤漆类而髹之也。王皆立不坐,设左右几者,优至尊也。几左者王凭之,右者神所依。

几案原是同属的器具,《说文》所谓:“案,几属也。”今除“茶几”仍称为几外,余则多称桌称檯,称几称案已很少了。按:古时的几案,实不若今制的高。

是古时的几，不能人人皆得用之，原为优礼至尊而设，其形制颇似今坑床的几，长方而低，不若今称茶几的高了。至于几的用处，无非凭依而已。故古人文字中，颇多“隐几”之语，隐亦凭的意思。

至于案，则《考工记》中有：“玉人案十有二寸，枣栗十有二列。”郑锷注云：“以玉饰案，其广十有二寸。每案以枣栗为列，十二案故十二列。案饰以玉，所以明凭恃以为安者在德也。”是案亦为凭恃之用，而饰之以玉，制之以枣栗的木类。

这种几案，都是轻巧得很，所以如《左传》襄公十年所载：“晋伐偪阳，荀偃士匄请班师，智伯怒，投之以几，出于其间。”以几可投，则几当是很轻巧的。所以古人称几案，多以枚计，如《魏武上杂物疏》，有“几大小各一枚，书案一枚”之语。又东汉梁鸿妻孟光，有“举案齐眉”之说。一说案即案也，以其轻巧，故可举至齐眉；一说以案为盘，下有足，非几案的案，则不知果以何者为是。

几案是古称，桌檯乃今称，然则桌檯究竟何时有此称谓呢？我以为最早当在六朝时，而至唐宋始见盛行。盖古人皆席地而坐，故几案不必过高，自六朝有凳椅之后，则几案自非加高不可，于是又别称为桌檯罢，而桌又较近古，檯则似出于后世。据宋黄朝英《靖康缃素杂记》云：

今人用卓字，多从木旁，殊无义理。字书从木从卓，乃棹字，直教切，所谓棹船为郎是也。卓之字虽不经见，以鄙意测之，盖卓之在前者为卓，此言近之矣。何以明之？《论语》曰：『如有所立卓尔。』说者谓圣人之道，如有所立，卓然在前也。由是知卓之在前者为卓，故《杨文公谈苑》云：『咸平景德中，主家造檀香倚卓一副。』未尝用棹字。始知前辈何尝谬用一字也。

是桌在宋时已很通称。惟以桌为在前之意，则不如解高来得明晰。按：桌初作卓，后作棹，至明方又作桌了，《正字通》所谓"俗呼几案为桌"，可知始于明人的。

檯则古时实无此称，勉强可以找到的，为宋陆游《老学庵笔记》中所说："今犹有高镜台，盖施床则与人面适平也。"此"高镜台"颇如现在有镜的梳妆台，然在他书中则很少见，故仍不能明其究竟。此外关于案几有个有趣的故事，附载于后。明徐祯卿《翦胜野闻》云：

太祖尝微行里市间，遇国子监监生某者入酒坊，帝揖而问之曰：『先生亦过酒家饮乎？』对曰：『旅次草草，聊寄食尔。』帝因与之入。时坐客满案，惟供司土神几尚余空，帝携之在地曰：『神姑让我坐。』乃与生对席，问其乡里，对曰：『四川重庆府人也。』帝因属词曰：『千里为重，重水重山重庆府。』生应声曰：『一人成大，大邦大国大明君。』又举婁几小木命生赋诗，因喻己意。其诗曰：『寸木元从斧削成，每于低处立功名。他时若得台端用，要与人间治不平。』帝私喜，因探钱偿酒家，相别而去，不知其为帝也。明日，忽移名召生入谒，生茫然自失。及既至，帝笑曰：『秀才忆昨与天子对席乎？』生惶惧谢罪。又曰：『汝欲登台端乎？』遂命除为按察使。金陵民家，至今供司土神于地，本此。

一四 凳椅

Chairs

古人席地而坐，无凳椅可言。惟床则高，故凳椅实由床转变而来。宋吴曾《能改斋漫录》云：

床凳之凳，晋已有此器。《世说》：『顾和与时贤共清言，张元之顾敷是中外孙，年七岁，在床边戏，于时闻语，神情如不相属，瞑于镫下。』乃作此镫字。今《广韵》以镫为鞍镫之镫，岂古多借字耶？凳，《广韵》云出《字林》，殆后人所撰耳。《广韵》别出一橙字，注云『几橙』，其义亦通。

则凳实始于晋，而字犹未定写，今橙专作为果名，字作凳或作櫈了。又晋陈寿《益都耆旧传》亦云："张充为州治中从事刺史，每日坐高床，为从事设单席于地。"此高床实即凳之类，而后乃专名为凳的，益可知凳实由床转变而来。盖席地之制既废，不得不有高坐，而床本可高坐，故即借床而改变之，这是凳的由来罢！

至于椅，古本以为木名，即梓，后乃以有倚背的凳为椅。宋黄朝英《靖康缃素杂记》云：

今人用倚字，多从木旁，殊无义理。字书从木从奇，于宜切，《诗》曰『其桐其椅』是也。倚之字虽不经见，以鄙意测之，盖人所倚者为倚，此言近之矣。何以明之？《淇澳》曰：『猗重较兮。』《新义》谓：『猗，倚也。重较者，所以慎固也。』由是知人所倚者为倚。

可知椅名之由来，本即作倚靠的倚，后则以其木制，故又借用椅字。至其制亦由床而来，如宋张端义《贵耳集》所云：

今之校椅，古之胡床也。自来只有栲栳样，宰执侍从皆用之。因秦师垣在国忌所偃仰，片时坠巾，京尹吴渊奉承时相，出意撰置荷叶托首四十柄，载赴国忌所，遗匠者顷刻添上，凡宰执侍从皆有之，遂号『太师样』。今诸郡守倅，必坐银校椅，此藩镇所用之物，今改为太师样，非古制也。

凳椅

盖校椅本来只有后面一背，即今俗称单背椅是。后则两边又有靠手，即今俗称太师椅是，可知原来还始于吴渊的，而得名则由于秦桧，因为他那时已尊为太师。

盖校椅本来只有后面一背，即今俗称单背椅是。后则两边又有靠手，即今俗称太师椅是，可知原来还始于吴渊的，而得名则由于秦桧，因为他那时已尊为太师。然以胡床而改变为坐椅，究竟始于何人？据宋陶穀《清异录》云，则似始于唐明皇。其说云：

胡床施转关以交足，穿便绦以容坐，转缩须臾，重不数斤。相传明皇行幸频多，从臣或待诏野顿，扈驾登山，不能跂立，欲息则无以寄身，遂创意如此，当时称『逍遥座』。

又五代王仁裕《开元天宝遗事》，亦云："明皇于勤政楼以七宝装成山座，高七尺，召诸学士讲议经旨及时务胜者，得升焉。" 既云"山座高七尺"，是即为椅。然则椅为明皇所创，或非过词。

然此种坐椅，初创时犹为贵者所坐，平民实不得滥坐，即贵族妇女，坐了也有讥其无法度的，如宋陆游《老学庵笔记》所云：

徐敦立言，往时士大夫家，妇女坐椅子兀子，则人皆讥笑其无法度。梳洗床火炉床家家有之；今犹有高镜台，盖施床则人面适平也。或云禁中尚用之，特外间不复用耳。

观此可知妇女还只可坐床而不可坐椅，但至南宋陆游之时，已无此风，故陆氏有“不复用”之说。兀子当是櫈子。

此外今犹有阁足的低凳，此则元时已有之，如元陶宗仪《南村辍耕录》云：“孔某者，皇庆癸丑间，为江浙省掾吏，身躯短小，仅与堂上公案相等。凡呈署牍文，必用低凳，阁足令高。”

凳椅到现在还没有怎样讲究的，惟古时有所谓仙椅，其形制颇为别致，如明高濂《遵生八笺》所载，现在恐怕已没有了罢。

臞仙云：默坐凝神运用，须要坐椅宽舒，可以盘足后靠。椅制后高，扣坐身作荷叶状者，为靠脑；前作伏手，上作托颏，亦状莲叶。坐久思倦，前向则以手伏伏手之上，颏托托颏之中，向后则以脑枕靠脑，使筋骨舒畅，血气流行。

一五 厨箱

Cabinets and Chests

厨俗作橱，本为庖室之称，所以贮食物的，后遂借以为贮物的器名，不论食物，凡贮书衣等物，亦可称厨。今字又加木旁，大约示与原来的厨有所分别罢！此橱字旧时字书皆未载及，可知还起于新近的。宋沈括《梦溪补笔谈》云：

大夫七十而有阁。天子之阁，左达五，右达五。阁者，板格以庋膳羞者，正是今之立馈。今吴人谓立馈为厨者，原起于此，以其贮食物也，故谓之厨。

此即用厨贮物的由来了。按:《晋东宫旧事》云:“皇太子初拜,有柏书厨一,梓书厨一。”又《南齐书·陆澄传》云:“澄当世称为硕学,王俭戏之曰,陆公书厨也。”此即书厨名称之由来,可知晋时已有的。此外如《南史·徐广传》云:

广撰《晋纪》四十二卷。时有高平郗绍,亦作《晋中兴书》,数以示何法盛,法盛有意图之,谓绍曰:『卿名位贵达,不复俟此延誉。我寒士无闻于时,如袁宏干宝之徒,赖有著述,流声于后,宜以为惠。』绍不与,至书成,在斋内厨中。法盛诣绍,绍不在,直入窃书。绍还失之,无复兼本,于是遂行何书。

此以文稿贮于厨中，亦与书厨相类。今厨中尚有抽屉，此在古时亦有，如宋周密《癸辛杂识》云：

余尝闻李双溪献可云，昔李仁甫为《长编》，作木厨十枚。每厨作抽替匣二十枚，每替以甲子志之。凡本年之事，有所闻，必归此匣，分月日先后次第之，井然有条，真可为法也。

抽替即今作抽屉。一厨有二十匣之多，颇如现在的文书厨。很便分类贮藏的。

与厨同为贮物用的则有箱。箱字从竹,故原为竹器,后则亦用木,又外包以皮,称为皮箱。五代王定保《唐摭言》曾云:"郑光业有一巨皮箱,凡投贽有可嗤者,即投其中,号曰苦海。"可知唐时已有其物。明高濂《遵生八笺》中有"衣匣"言其制云:

以皮护杉木为之,高五六寸,盖底不用板幔,惟布里皮面,软而可举。长阔如毡包式,少长一二寸。携于春时,内装绵夹便服,以备风寒骤变。夏月装以夹衣,秋与春同,冬则绵服暖帽围项等件。

此颇如今的挈箧，可携挈而行，亦用皮制。他又举“备具匣”一种，内云：“以轻木为之，外加皮包，厚漆如拜匣，高七寸，阔八寸，长一尺四寸。中作一替，上浅下深，外用关锁以启闭，携之山游，亦似甚便。”这也如今的挈箧，较为讲究一些的。大抵箱大箧小，古今皆然。惟亦另有一种“巾箱”，则犹今的帽笼，亦小巧得很。按：今称书册较小的为巾箱本，又作袖珍本，盖源于南齐时衡阳王钧。《齐书》本传云：

钧常手自细书，写《五经》部为一卷，置于巾箱中，以备遗忘。侍读贺玠问曰：『殿下家自有坟素，何须蝇头细书，别藏巾箱中？』答曰：『巾箱中有《五经》，于检阅既易，且一更手写，则永不忘。』诸王闻而争效为巾箱《五经》，自此始也。

又古时别有柜椟，实亦厨箱之类，用以藏物。椟则后世称者较少，盖即与柜相同，《说文》所谓："匮，椟也，匣也。"匮即柜。椟最著名的故事，为《韩非子·外储说》中所载的"买椟还珠"，故事是这样的：

楚人有卖其珠于郑者，为木兰之柜，薰以桂椒，缀以珠玉，饰以玫瑰，辑以羽翠。郑人买其椟而还其珠。此可谓善卖椟矣，未可谓善鬻珠也。

柜则古来用得最多，大抵用木所作，可以藏书，亦可以贮物。

与箱相似的，古又有“笈”，后汉时最为盛行，凡从师吊友，卖卜藏书，皆负笈而行。《说文》作极，解为：“驴上负也。”大约此种箱类，便于负携。今称从师往往为“负笈从师”，盖当时指书箱为笈的。又有一种“笥”，亦为箱类，形方，可以藏衣，亦可以藏书，《书》云：“惟衣裳在笥。”《后汉书》云：“边孝先，五经笥。”此二箱类，到今已均无是称了。

一六 牀榻

Beds and Couches

牀（“床”的异体字——编者注）榻均可以卧人，但也大有分别，正如《释名》所云：“人所坐卧曰牀，牀装也，所以自装载也。长狭而卑曰榻，言其榻然近地也。”牀俗又作床。古时无凳椅，牀榻不但可卧，也可作坐用的，故《说文》又专解：“牀，安身之坐者。”如《史记·郦食其传》云：“郦生入谒沛公，公方踞牀使两女子洗足。”又如《汉书·朱买臣传》云：“买臣见张汤，坐牀上弗为礼。”又如《高士传》云：“管宁自越海反归，常坐一木榻上，积五十五年，未尝箕踞，榻上当膝皆穿。”皆为其明证。而最著名的，所谓“陈蕃留榻”，如《后汉书·徐稚传》云：

稚屡辟公府不起。时陈蕃为太守，以礼请署功曹，稚既谒而退。蕃在郡不接宾客，唯稚来特设一榻，去则县之。

牀榻 《释名》云："人所坐卧曰牀，牀装也，所以自装载也。长狭而卑曰榻，言其榻然近地也。"

此榻亦为供坐之用，非如今人请人睡卧。所谓“扫榻以待”，即用此故事的。又如《晋书·王羲之传》云：

太尉郄鉴，使人求女婿于王导，导令就东厢遍观诸子弟。使者归，谓鉴曰：『王氏诸少年并佳，然闻信至，咸自矜持；唯一人在东牀坦腹而食，独若不闻。』鉴曰：『此正佳婿也。』访之，乃羲之也，以女妻之。

“在东牀坦腹而食”，亦决是坐着而非卧着。至今称人之婿，谓之“东牀”，即本于此。

牀今除木制以外，又有铜制铁制，称之为铜牀铁牀。但古时则有极讲究的，如《世本》有“纣为玉牀”，《战国策》有“楚献象牀”，《汉武内传》有“武帝以珊瑚为牀”，《西京杂记》有“韩嫣以玳瑁为牀”，《唐六典》有“殿庭供设有金银行牀”，唐同昌公主则更穷极奢侈，传称她“制水晶火齐琉璃玳瑁等牀，悉支以金龟银鳌”。

此外还有一种“胡牀”，实即后来座椅的前身。据宋欧阳修《诗话》云：“今之交牀，本自外国来，始名胡牀，隋以谶改名交牀，唐穆宗时又名绳牀。”其称为交者，乃以牀足彼此相交的缘故，梁庾肩吾有《咏胡牀应教》云：“传名乃外域，入用信中京。足敧形已正，文斜体自平。临堂对远客，命旅誓初征。何如淄馆下，淹留奉盛明。”足敧文斜，正示其相交之意。按：《风俗通》云：“灵帝好胡牀。”可知后汉时已有此牀。其后据胡牀而坐者很多，皆取其轻便可以搬移的缘故。

除胡牀外又有“炕牀”，今北方还多如是。据清顾炎武《日知录》云：

北人以土为牀，而空其下以发火，谓之炕。古书不载。《左传》：『宋寺人柳炽炭于位，将至则去之。』《新序》：『宛春谓卫灵公曰，君衣狐裘，坐熊席，隩隅有灶。』《汉书·苏武传》：『凿地为坎，置煴火。』是盖近之，而非炕也。《旧唐书·高丽传》：『冬月皆作长坑，下然煴火以取煖。』此即今之土炕也，但作坑字。

是炕牀渊源实古，其名称或始于唐的。又清高佑釲《蓟邱杂抄》云：

燕地苦寒，寝者不以牀以炕。室无东西南北，炕必近前荣。贫家一廛，衾枕之外即街巷。妇人安坐炕上，市贩者至，汤饼肴蔌，传食于窗牖中，或竟日不作庋庪之炊也。

牀榻 牀今除木制以外，又有铜制铁制，称之为铜牀铁牀。但古时则有极讲究的，如《世本》有“纣为玉牀”，《战国策》有“楚献象牀”……

是北方贫家，竟以炕为惟一的坐卧具，比牀椅还来得重要。但炕虽可取暖，用不得法，也足有害。所以清阮葵生《茶馀客话》就说：“京师火炕烧石炭，往往薰人中毒，多至死者。”这正如南方之用煤（即石炭）炉取暖，有时也要中毒的。

北方除炕牀外，还有冰牀，则虽名为牀，与牀意大相径庭，不过取其形似而已。早在明时已有之，如明刘侗《帝京景物略》云：

冬水坚冻，一人挽木小兜，驱如衢，曰『冰牀』。雪后集十余牀，罏分尊合，月在雪，雪在冰，西湖春，秦淮夏，洞庭秋，东南人自谢未曾有也。

至清时则极盛行，如无名氏《燕京杂记》云：

东西二濠，冬月冰结，设木榻渡人，谓之冰牀。牀上可坐数人，一人挽之，疾于车马。有好事者，联属数牀，置酒其上，东西往来，如泛银湖，又如晶宫，亦一韵事也。

然亦称为："冰车，俗牀拖牀，一名凌牀，又名托牀，俗呼冰排子。其形方而长，如牀，可容三四人，高仅半尺余，上铺草帘，底嵌铁条，取其滑而利行也。"（《清稗类钞》）

Pillows and Mats

枕，《说文》云："卧所荐首者也。"《释名》以为："枕检也，所以检项也。"其字从木，其初当为木制，今南方犹多如此。惟普通则多外用绸布，内实以物。此所实的物，好坏不一。旧时有所谓药枕，据说可治一切风疾，且能浑身皆香，如明高濂《遵生八笺》所载：

药枕用五月五日七月七日取山林柏木，锯板作枕，长一尺三寸，高四寸，以柏木心赤者为之，盖厚四五分，工制精密，勿令走气，又可启闭。盖上钻如粟米大孔三行，行四十孔，凡一百二十孔。内实药物二十四品，以按二十四气。计用飞廉、薏苡仁、当归、川芎、款冬花、白芷、辛夷、白术、藁本、肉苁蓉、木兰、蜀椒、官桂、杜蘅、柏实、秦椒、干姜、防风、人参、桔梗、白薇、荆实、蘼芜、白蘅。外加毒者八味，以应八风，乌头、附子、藜芦、皂角、菵草、礜石、细辛、半夏。右总三十二物，各五钱，咬咀为末，和入枕匣装实，外用布囊缝好。枕过百日，面有光泽。一年体中风疾，一切皆愈，而且身香。四年发白变黑，齿落更生，耳目聪明。神方秘验。此方乃女廉以传玉青，玉青传于广成子，圣圣相传，不可轻忽，常以密袱包盖，勿令出气。

至于发白变黑，齿落更生定是妄谈，不足置信。此种药枕，也不知有何人试过。只见《神仙传》中说泰山老父，汉武帝时人，曾用此枕，寿至三百余岁，这当然也是神仙家语，无使人可信以为真的地方。至于古来对枕有极讲究的，也不过用琥珀、珊瑚、翡翠、水晶一类宝物作枕而已。但这些只取美观，枕来恐怕未见得如何舒适的。有几种却是奇异得很，如唐苏鹗《杜阳杂编》云：

元和八年，大轸国贡重明枕，枕长一尺二寸，高六寸，洁白逾于水精。中有楼台之状，四方有十道士，持香执简，循环无已，谓之行道真人。其楼台瓦木丹青，真人衣服簪帔，无不悉具。

倒像走马灯能自行动，可谓奇绝。又如《奇器录》云：

余尚书靖，庆历中如桂州，境穷僻处有林木，延袤数十里。每至月盈之夕，辄有笛声发于林中，甚清远。土人云：『闻之已数十年，终不详其何怪也。』公遣人寻之，见其声自一大柏木中出，乃伐取以为枕，笛声如期而发。公甚宝惜，凡数年。公之季弟欲穷其怪，命工解视之，但见木之文理，正如人月下吹笛之像，虽善画者不能及。重以胶合之，则不复有声矣。

则似真而又非，不知确有其事否？但如《客座新闻》所载，或者较为可能的：

> 偶武孟，吴之太仓人也，有诗名。尝为武冈州幕官，因凿渠得一瓦枕。枕之，闻其中鸣鼓起擂，一更至五更，鼓声次第更转不差，既闻鸡鸣亦至三唱；而晓抵暮复然。武孟以为鬼怪，令碎之，及见其中，设机局以应夜气，识者谓为：『诸葛武侯鸡鸣枕也。』

这种鸡鸣枕，在贪睡人枕来是极为苦事的；然而古来也颇有用枕以催醒的人，如《吴越备史》云：“武肃王钱镠在军中，未尝安寝，用圆木作枕，睡熟则攲，由是得寤，名曰警枕，又号浙中不睡龙。”这方面固然简单，但如能用鸡鸣枕，对时间方面恐怕更加准确了。“睡龙”就是枕的别称。

除头枕以外，今人也有用脚枕的，那在古时倒还未见。至如《宋史·刘贵妃传》云："妃颇恃宠骄侈，尝因盛夏以水晶饰脚踏，帝见之，命取为枕，妃惧撤去之。"此脚踏恐非脚枕，是用以踏脚的。

席亦为卧具之一，夏令必须用它。但古时称坐垫亦为席，铺在地上亦为席。盖古时并无凳椅，坐卧在地，所以席可以卧，可以坐，又可以蹲，如《礼记·曲礼》云：

奉席如桥衡，请席何乡，请衽何趾。（注）如桥之高，如衡之平，乃奉席之仪也。设坐席则问面向何方，设卧席则问足向何方。

又如《礼记·玉藻》云：

浴出杅，履蒯席，连用汤，履蒲席，衣布晞身，乃屦。（注）杅，浴器也。履，践也。蒯席，蒯草之席也。履蒯席之上，而以汤洗其足垢，然后立于蒲席，而以布干洁其身。

这在现在应当称为地毯了，然古时亦为席。又如《周礼·天官》所云：

司几筵掌五几五席之名物，辨其用与其位。（注）五几：左、右、玉雕、彤漆、素；五席：莞、藻、次、蒲、熊。用位所设之席及其处。

几是靠倚用的,所以待尊者。席则就如现在地毯,铺在地上。但这里还有一种筵。筵亦席之类,先铺于下,席则加于其上,《礼记·礼器》所谓:“天子之席五重,诸侯之席三重,大夫再重。”这五重三重,便是席上复又加席。此种筵席,用之于朝觐,用之于祭祀,也用之于宴飨。后人便以宴飨的酒肴为筵席,这在修辞学上说来是借代辞,筵席只是坐处,并不是酒肴的。

至于像现在夏令专用卧具的席,今俗多写作蓆,以与席相分别。其实蓆的原意,如《尔雅》所说是“大也”,《说文》所说是“广多也”,并不真正作卧席解的,所以按理还应写作席字。《释名》所谓:“席,释也,可卷可释也。”现在的席,还正如此。

席的制料,也像《周礼》所说,现今有莞有蒲。莞草即今所谓席草,茎细而较坚,今苏甬的席,即用此草制成。蒲即香蒲,普通多用作蒲包,但也可作席,较为柔软,今所谓软席者是此外次席据注家称为虎皮的席,熊席就以熊皮为席,在现今都称为毯皮了,不在席的范围之内。

又今以竹为席，称篾席，较莞席为清凉。按：《书·顾命》中已有“篾席黼纯”之说，黼为白黑杂缯，纯为缘，即以白黑缯为席的边缘，可知由来已古了。亦称“簟”，《诗经·斯干》所谓：“下莞上簟，乃安斯寝。”是古人亦以簟较莞为上，故铺在上面罢。

又有一种薦，亦通作荐，今多以稻草或棕榈为之，称为草荐或棕荐。较席为粗，而铺于席下，实亦与席同类。按：荐本为草名，《说文》所谓“兽之所食草也”，不作席解。惟《礼记·礼器》有：“莞簟之安，而稾鞂之设。”《疏》云：“稾鞂，除穗粒，取秆稾为席，郊祭不用莞簟之可安，而用设稾鞂之粗席，亦修古也。”则稾鞂实后世所谓荐。《释名》所谓：“荐，所以自荐藉也。”是已有席的解释，不过较席为粗而已。所以明李时珍《本草纲目》云：“席荐皆以蒲及稻藁为之，有精粗之异。”

此外古时还有极精巧的席，如《西京杂记》说：“武帝以象牙为簟赐李夫人。”此为象牙席了。同书又云：

赵飞燕女弟居昭阳殿。……玉几玉床，白象牙簟，绿熊席。席毛长二尺余，人眠而拥毛自蔽，望之不能见，坐则没膝。其中杂薰诸香，一坐此席，余香百日不歇。

以绿熊为席，现在应当称毯，此毯可说珍贵极了。又如唐苏鹗《杜阳杂编》云：

上好神仙不死之术。……时有处士伊祁玄解，缜发童颜，气息香洁。……常游历青衮间，若与人款曲语，话千百年事，皆如目击。上知其异人，遂令密召入宫，处九华之室，设紫茭之席。饮龙膏之酒。紫茭席色紫而类茭叶，光软香净，冬温夏凉。

席能使冬温夏凉，古来倒是不多见的。王嘉《拾遗记》虽云："岱舆山有草名莽煌，叶圆如荷，去之十步，炙人衣则焦。刈之为席，方冬弥温。"这是小说家言，但也只闻冬温未知能否夏凉的。又明屠隆《考槃馀事》曾云："茭苇出满喇加国，生于海之洲诸岸边，叶性柔软，乡人取之，织为细簟，冬月用之，愈觉温暖。"则颇与上述茭席相近，但也没有说到夏凉。至如明人《河东备录》所云："取猪毛刷净，命工织以为席，滑而且凉，号曰壬癸席。"这在现今还未听见过，倒可一试究竟的。

同样为夏日所用凉具，古尚有"竹夫人"的，兹亦附说于此。清赵翼《陔馀丛考》云：

编竹为筒，空其中，而窍其外，暑时置床席间，可以憩手足，取其轻凉也，俗谓之『竹夫人』。按：陆龟蒙有《竹夹膝》诗，《天禄识馀》以为即此器也。然曰夹膝，则尚未有夫人之称。其名盖起于宋时。东坡诗云：『留我同行木上座，赠君无语竹夫人。』又：『闻道床头惟竹几，夫人应不解卿卿。』自注云：『世以竹几为竹夫人也。』又黄涪翁（庭坚）云：『赵子充示《竹夫人诗》，盖凉寝竹器，憩臂休膝，似非夫人之职，予为名曰青奴。』陆放翁亦有诗云：『空床新聘竹夫人。』罗大经《鹤林玉露》亦载李公甫谒真西山丐题，西山指竹夫人为题曰：『蕲春县君祝氏可封卫国夫人。』公甫援笔立就，有云：『保抱携持，朕不忘五夜之寝；展转反侧，尔尚形四方之风。』西山击节。

则此物或古已有，而名称实始于宋的。

一八 箕帚

Dustpans and Brooms

箕有三种，一为箉箕，用以漉米；一为簸箕，用以扬物；一为畚箕，用以收物。皆为竹器，故字从竹，但后来也有用柳条做的。据明徐光启《农政全书》云：

箕，簸箕也。《说文》云：『簸，扬米去糠也。』《庄子》曰『箕之簸物，虽去粗留精，然要其终，皆有所除』是也。然北人用柳，南人用竹，其制不同，用则一也。《诗》云：『哆兮侈兮，成是南箕。』箕四星，二星为踵，二星为舌，哆侈谓踵已大，而舌又广也。又『维南有箕，载翕其舌』。故箕皆有舌，易播物也。谚云：『箕星好风。』谓主簸扬，农家所以资其用也。

是箕之为箕，颇像箕星。此箕为农具之一，故前有舌，此外则无。筲箕古又称箅，今多作圆形，颇与簸箕异形，但如《农政全书》所载，亦颇同样，只是没有前面的舌罢了。《农政全书》云：

箅，漉米器，《说文》：『淅箕也。』盖今炊米日所用者。筲，饭筲也。《说文》：『陈留谓饭帚曰筲，从竹捎声。一曰饭器，容五升。』今人亦呼饭箕为筲箕，南曰筲，北曰筲，南方用竹，北方用柳，皆漉米器或盛饭。所以供造酒食，农家所先，虽南北名制不得，而其用则一。

此或为造酒之用，故其形亦略如簸箕。今普通厨下所用漉米的箕，殊无此状，上海人称为淘箩。按：《方言》有云"箕，陈魏宋楚之间谓之箩"，则箕固亦可称为箩的。最后所谓畚箕，则专收秽物，与帚相连为用，为室中扫地要具。《礼记·曲礼》中曾说到扫地的礼节应当是这样的：

凡为长者粪之礼，必加帚于箕上，以袂拘而退，其尘不及长者，以箕自乡而扱之。

这段文字，据注疏所云，是说在长者面前扫地，不可将箕对着长者，而帚加于箕中。扫时以衣袂拥帚的前面，边扫边退，使灰尘不及于长，否则便为不恭。又据《农政全书》所载，帚有两种：

帚，今作箒，又谓之篲。《集韵》云："少康作箕帚。"有二：一则编草为之，洁除室内，制则扁短，谓之条帚；一则束篠为之，拥扫庭院，制则丛长，谓之扫帚。

按：条帚之条应作苕，盖为苕草所作，宋谢道人有《赋苕帚》诗，可以为证。又《晋书·庾衮传》云："衮兄女将嫁，衮乃刈荆苕为箕帚。"是苕确可为帚的。但除此以外，帚亦有极讲究，如宋张邦基《墨庄漫录》云：

孔雀毛著龙脑则相缀。禁中以翠尾作帚，每幸诸阁，掷龙脑以辟秽，过则以翠尾扫之，皆聚无有遗者。亦若磁石引针，琥珀拾芥，物类相感也。

一九 度量

Measure Tools

度量所以测长短与多寡的器物。它的起源是很早的。《书·舜典》已有“同律度量衡”之说，《礼记·明堂位》则说：“周公制礼作乐，颁度量，而天下大服。”周公之颁，当是就原有的而颁布之，至多略加改革而已，决不会是他个人所创造的。不过如宋罗泌《路史》所说：“黄帝有熊氏，命隶首定数，以率其羡，要其会，而律度量衡，繇是成焉。”这恐怕也是设想之辞，因为中国人往往将许多事物的创造，归功于黄帝的。

考度量的由来，说法实不一，如《隋书·律历志》云：

> 《史记》曰：“夏禹以身为度，以声为律。”《礼记》曰：“丈夫布手为尺。”《周官》云：“璧羡起度。”郑司农云：“羡，长也。此璧径尺，以起度量。”《易纬·通卦验》：“十马尾为一分。”《淮南子》云：“秋分而禾蔈定，蔈定而禾熟。律数十二蔈而当一粟，十二粟而当一寸。”蔈者，禾穗芒也。《说苑》云：“度量权衡以粟生，一粟为一分。”《孙子算术》云：“蚕所生吐丝为忽，十忽为秒，十秒为毫，十毫为氂，十氂为分。”此皆起度之源，其文舛互。唯《汉志》：“度者，所以度长短也。本起黄钟之长，以子谷秬黍中者一黍之广度之，九十黍为黄钟之长。一黍为一分，十分为一寸，十寸为一尺，十尺为一丈，十丈为一引，而五度审矣。”

这所说仅是度，诸说要以《汉志》最为可信，盖度之起，实由于律数，律数以黍计之，故度亦以黍计。此说本起于孔安国之传《尚书》，他说："律者，候气之管，度量衡三者法制，皆出于律。"不过黍有大小之差，年有丰耗之异，因此历代为度，往往不能合一。就像《隋志》所载，自周以至于隋，有十五种的不同。而此十数种均较周制为增长。如周的一尺，至晋已长四分余，至隋又长至二寸。至唐即以十寸为尺，尺二寸为大尺，后且以大尺为尺，直废古制了。然尺度到后来还愈增其长，如明董穀《碧里杂存》云：

按：《家语》孔子云：『布手知尺，布指知寸，舒肱知寻。』盖用手拇指与中指一叉相距，谓之一尺。两臂引长，刚得八尺，谓之一寻。中指中节上一纹，谓之一寸。盖中指有二横纹，准上一纹也。后世营造尺，始准下纹，但不知始于何时。宋儒以为本于仁宗中指中节，恐未必然。若以古准今，每尺当今七寸七分耳。

可知古今异制，几乎差了三之一。到了现在，则古周尺等于今尺，不过六寸余而已。

此外分寸尺丈引名称所由来，《汉书·律历志》中也有说明，据云：“分者，自三微而成著可分别也，寸者忖也，尺者蒦（音约）也，丈者张也，引者信（同伸）也。夫度者别于分，忖于寸，蒦于尺，张于丈，信于引。引者信天下也。”今则引已不用，而丈上有匹。按：《说文》：“匹，四丈也。”盖四丈则八端，故从八从匚，象束帛之形，俗亦作疋。

至于量，《汉书·律历志》中也有说明，兹引载如下：

量者，龠合升斗斛也，所以量多少也。本起于黄钟之龠，用度数审其容，以子谷秬黍中者千有二百实其龠，以井水准其概，合龠为合，十合为升，十升为斗，十斗为斛，而五量嘉矣。龠者黄钟律之实也，跃微动气而生物也。合者合龠之量也，升者登合之量也，斗者聚升之量也，斛者角斗平多少之量也。夫量者跃于龠，合于合，登于升，聚于斗，角于斛也。

按：此独无石者，以石古时属于权衡，故未提及。今则龠已不用，斛亦少有，十斗改称为石。按：《隋书·食货志》云:“晋自元帝寓居江左,历宋齐梁陈,其度量,计则三斗当今一斗,称则三两当今一两,尺则一尺二寸当今一尺。”是量制亦渐后渐为增大,至宋更增,如沈括《梦溪笔谈》云:“秦汉以前,度量斗升,计六斗当今一斗七升九合。”又云:“以一斛为一石,自汉已如此,饮酒一石不乱是也。”至宋时始改五斗为一斛,如《苇航纪谈》云:“韩彦古时为户曹尚书,孝宗皇帝问曰,十石米有多寡?彦古对曰,万合千升百斗廿斛,遂称旨。”云十石为廿斛,这正如现在以两斛称一石的。

又古时的斗斛,均内方而外圆,至宋则变为上小而下大,如元长谷真逸《农田馀话》云:

今之官斛,规制起于宋相贾似道,前元至元间,中丞崔彧上言,其式口狭底广,出入之间,盈亏不甚相远,遂行于时,至今不改。

后人因此说贾虽为奸相,但此一改革,确是嘉惠小民不少的。可是到现在又变制了。

二〇 权衡

良知

衡权就是称，俗作秤，所以称物的重轻，与度量同为交易上重要的用具。衡即秤，权即锤，实为一物，故今多只称为衡。其由来诚如汉孔安国《尚书·虞书·舜典》“同律度量衡”传云：

权也，铢两斤钧石，所以称物而知轻重也。本起于黄钟之龠，一龠容千二百黍，重十二铢，两之为两，十六两为斤，三十斤为钧，四钧为石，而五权谨矣。权衡一物，衡平也，权重也，称上谓之衡，称锤谓之权，所从言之异耳。

盖权衡亦由律数而加以确定，正与度量同。惟奇怪的是度量皆以十进，而衡却不如此，这里当有它的特别原因。据《汉书·律历志》则云：

> 五权之制，以义立之，以物钧之，其余小大之差，以轻重为宜，圜而环之，令之肉倍好者，周旋无端，终而复始，无穷已也。『铢』者，物由忽微始，至于成著，可殊异也。『两』者，两黄钟律之重也。二十四铢而成两者，二十四气之象也。『斤』者，明也，三百八十四铢，《易》二篇之爻，阴阳变动之象也；十六两成斤者，四时乘四方之象也。『钧』者，均也，阳施其气，阴化其物，皆得其成就平均也；权与物均，重万一千五百二十铢当万物之象也；四百八十两者，六旬行八节之象也；三十斤成钧者，一月之象也。『石』者，大也，权之大者也；始于铢，两于两，明于斤，均于钧，终于石，物终石大也；四钧为石者，四时之象也；重百二十斤者，十二月之象也；终于十二辰而复于子，黄钟之象也；千九百二十两者，阴阳之数也；三百八十四爻五行之象也；四万六千八十铢者万一千五百二十物历四时之象也。而岁功成就，五权谨矣。

这是再说得详细也没有了，其所以要参差的原因，原来竟有这样玄奥的妙理。《汉志》又说到权衡上一切构造的原理，兹亦附载于后。

权与物钧而生衡，衡运生规，规圜生矩，矩方生绳，绳直生准，准正则平衡而钧权矣，是为五则。规者所以规圜器械令得其类也，矩者所以矩方器械令不失其形也，规矩相须，阴阳位序，圜方乃成。准者所以揆平取正也，绳者上下端直经纬四通也，准绳连体，衡权合德，百工由焉以定法式，辅弼执玉以翼天子。《诗》云：『尹氏大师，秉国之钧。四方是维，天子是毗，俾民不迷。』咸有五象，其义一也。

更是说得明晰极了。但那参差的单位，至宋终于把它改革了一些，惟斤与两间，到现在却还是如此。如清顾炎武《日知录》云：

度量皆以十起数，惟权则否。今人改铢为钱，而自两以上，则累百累千，以至于万，权之数亦以十起矣。汉制钱言铢，金言觔，其名近古。今日之以十分为钱，十钱为两，皆始于宋初，所谓新制者也。

顾氏又云："古算法二十四铢为两近代算家不便，乃十分其两，而有钱之名。此字本是借用钱币之钱，非数家之正名，簿领用之可耳，今人以入文字可笑。"又云："陶隐居《名医别录》曰，古称惟有铢两，而无分名，今则以十黍为一铢，六铢为一分，四分为一两，十六为一觔。李杲曰：六铢为一分，即今之二钱半也。此又以二钱半为分，则随人所命而无定名也。"可知自古至今，斤两上的名称又经过许多改变的。

又如上面所说斤两，古今名称虽同，而轻重实大相悬殊。如《隋书·律历志》中云："梁陈依古称，齐以古称一斤八两为一斤，开皇以古称三觔为一斤。"至宋沈括《梦溪笔谈》则云："秦汉以前三斤当今十三两。"顾炎武《日知录》又云："古以二十四铢为两，五铢钱十枚计重二两二铢，今称得十枚，当今之一两弱。"则古时一斤在后世不过数两，还不到三分之一而已。

二一 便器

Chamber Pots

关于便器，古书中说到的实在很少，谅以此为污秽之物，故大家不屑提及；实则此倒是日常事物中最需要的用器，真是一日不可少此物的。

考便器的便，《汉书·张安世传》中已有说到：“安世为光禄勋，郎有醉小便殿上，主事白行法，安世曰，何以知其不反水浆耶？如何以小过成罪？”此便之最早见于载籍者。至何以称便，大约是一种反辞，正如下面所说的清器。事本不便，反说之则为便了。

便器古亦称为亵器，见《周礼·天官》：“玉府掌王之燕衣服衽席床笫凡亵器。”郑司农曰：“亵器，清器虎子之属。”清亦作圊，《说文》云：“厕清也。”徐锴以为：“厕古谓之清者，言污秽常当清除也。”实则这是反辞，本是秽物，偏说它是清器。徐氏所解，未免带些书卷气的。明时又称圊桶。《嵩阳杂识》云：

何大复傲视一世，在京师日，每有燕席，常闭目坐，不与人交一言。一日，命隶人携圊桶至会所，手挟一册，坐圊桶上傲然不屑，客散，徐起去。

今则又称为马桶，亦称马子，指说因唐人避虎子讳，故有是称。按：《通雅》引陈水南云："兽子者，亵器也，或以铜为马形，便于骑以溲也。"是称马为状其形。又据柴萼《梵天庐丛录》云：

陈眉公每事好制新样，人辄效法。其所坐椅曰眉公椅，所制衣曰眉公布，所食饼曰眉公饼，所交娼妓曰眉公女客，已可笑矣；其尤者至其溺器，空其底，以便野坐，则呼曰眉公马桶。眉公在当时妆点山水，附庸风雅，固一好名者流。顾一溺器，亦以眉公名，眉公不几为马桶遗臭乎？

则明时已有此称。陈眉公即陈继儒，固亦爱好缀集，当有其来历的。至于称为虎子，据说由虎而来，如明人《芸窗私志》云：

客问瑶卿曰：『溺器而曰虎子何也？』答曰：『神鸟之山，去中国二十五万里，有兽焉，名曰麟主，服众兽而却百邪。此兽欲溺，则虎伏地仰首，麟主于是垂其背而溺其口，故中国制溺器名虎子也。』

然此亦恐为想象之辞，未必真有这么一回事的。或者如马子取其形状相似而已。

溺器今又称为夜壶，以为多用于晚上。但也因此而闹成一个笑话，如宋郭彖《睽车志》所载：

常州有一村媪，老而盲，家惟一子一妇。妇一日作炊未熟，而其子呼之他所，妇嘱姑为毕其炊。媪盲无所睹，饮食成，扪器贮之，误得溺器。妇归，不敢言，先取其中洁者食姑，次以馈夫，视器旁恶者，乃以自食。良久，天忽昼暝，觌其面不相睹。其妇暗中若为人摄去。俄顷开明，身乃在近舍林中，衣间得一小布囊贮米三四升，适足供夕餔。明旦，视囊中米复如故，宝之至今。予始闻此事，窃谓昼暝得米，或孝感所致，如郭巨得金之类。至谓囊米旦旦常盈，则颇近迂诞；然范德老为人诚悫，恐必不妄传。而村妇一节如此，亦可尚也，故录以为劝。

这只能作为笑话，决无其事可信的，至少后半段是如此。另外还有一个笑话，那是《录异传》中所载的：

吴时嘉兴倪彦思，忽有鬼魅在家，能为人语，饮食如人，惟不见形。思乃延道士逐之。酒肴既设，道士便击鼓召请诸神。魅乃取伏虎于神坐上，吹作角声，以乱鼓音。有顷，道士忽觉背中冷，惊起解衣，乃伏虎也。

此伏虎亦即虎子的异称。道士捉魅，反被魅所捉弄，倒是真实的笑话了。

此外古来有以人头为便器的，如《晋书·徐嵩传》云：

嵩迁守始平郡，甚有威惠。及垒陷，姚方成执而数之，嵩厉色谓方成曰：『汝姚苌罪应万死，主上止黄眉之斩而宥之，叨据内外，位为列将，无犬马识养之诚，首为大逆。汝曹羌辈岂可以人理期也！何不速杀我，早见先帝取姚苌于地下？』方成怒，三斩嵩，漆其首为便器。

前于此者，《史记》中有赵襄子漆智伯头以为饮器，《汉书》亦有匈奴破月氏王以其头为饮器，晋灼以为此"饮器虎子属也"，盖反其语而讳之，所以泄愤者也。

附　录

Appendix

一　笔

毛颖者，中山人也。其先明眎，佐禹治东方，土养万物有功，因封于卯地，死为十二神。尝曰："吾子孙神明之后，不可与物同，当吐而生。"已而果然。

明眎八世孙䨲，世传当殷时，居中山，得神仙之术，能匿光使物，窃恒娥骑蟾蜍入月。其后代遂隐不仕。或云居东郭者，曰㕙，狡而善走，与韩卢争能。卢不及，卢怒，与宋鹊谋而杀之，醢其家。

秦始皇时，蒙将军恬南伐楚，次中山，将大猎，以惧楚，召左右庶长与军尉以《连山》筮之，得天与人文之兆。筮者贺曰："今日之获，不角不牙，衣褐之徒，缺口而长须，八窍而趺居，独取其毛，简牍是资。天下其同书，秦其遂兼诸侯乎？"遂猎围毛氏之族，拔其豪，载颖而归，献俘于章台宫，聚其族而加束缚焉。秦皇帝使恬赐之汤沐，而封诸管城，号曰管城子，日见亲宠任事。

颖为人强记而便敏，自结绳之代以及秦，事无不纂录，阴阳卜筮占相医方族氏山经地志字书图画九流百家天人之书，及至浮图《老子》外国之说，皆所详悉。又通于当代之务，官府簿书，市井货钱注记，惟上所使。自秦始皇及太子扶苏胡亥，丞相李斯，中车府令高，下及国人，无不爱重。又善随人意，正直邪曲巧拙，一随其人。虽后见废弃，终默不泄。惟不喜武士，然见请亦时往。累拜中书令，与上益狎，上尝呼为中书君。上亲决事，以衡石自程，虽宫人不得立左右，独颖与执烛者常侍，上休方罢。

颖与绛人陈玄，弘农陶泓，及会稽楮先生友善相推致，其出处必偕。上召颖，三人者不待诏，辄俱往，上未尝怪焉。

后因进见，上将有任，使拂拭之，因免冠谢。上见其发秃，又所摹画不能称上意，上嘻笑曰："中书君老而秃，不任吾用。吾尝谓君中书，君今不中书邪？"对曰：

"臣所谓尽心者。"因不复召,归封邑,终于管城。其子孙甚多,散处中国夷狄,皆冒管城,惟居中山者能继父祖业。

太史公曰:毛氏有两族,其一姬姓,文王之子,封于毛,所谓鲁卫毛聃者也。战国时有毛公毛遂。独中山之族,不知其本所出,子孙最为蕃昌。《春秋》之成,见绝于孔子,而非其罪。及蒙将军拔中山之豪,始皇封诸管城,世遂有名,而姬姓之毛无闻。颖始以俘见,卒见任。使秦之灭诸侯,颖与有功,赏不酬劳,以老见疏,秦真少恩哉!(唐韩愈《毛颖传》)

二 墨

乌宝者,其先出于会稽楮氏,世尚儒务词藻,然皆不甚显。至宝厌祖父业,变姓名,从墨氏游,尽得其通神之术,由是知名。初宝之先有钱氏者,亦以通神之术显，迨宝出，而钱氏遂废。然其术亦颇相类，故不知者犹以为钱云。

宝轻薄柔默，外若方正，内实垢污，善随时舒卷，常自得圣人一贯之道，故无入而不自得。流俗多惑之，凡有谋于宝，小大轻重，多寡精粗，无不曲随人所求。自公卿以下，莫不敬爱。其子姓藩衍，散处郡国者，皆官给庐舍，而加守护焉。其有老死者，则官为聚其尸而焚之，盖知墨之末俗也。宝之所在，人争迎取邀致。苟得至其家，则老稚奴隶，无不忻悦，且重扃邃宇，敬事保爱，惟恐其它适也。

然素趋势利，其富室势人，每屈辄往，虽终身服役弗厌；其窭人贫氓，有倾心愿见，终不肯一往；尤不喜儒，虽有暂相与往来者，亦终不能久留也。盖儒墨之素不相合若此。

宝好逸恶劳，爱俭素，疾华侈。常客于弘农田氏，田氏朴且啬，宝竭诚与交。田氏没，其子好奢靡，日以声色宴游为事，宝甚厌之。邻有商氏者，亦若田氏父之为也，遂挈其族往依焉。盖墨之道贵清净故也。然其为人也多诈，反复不常。凡达官势人，无不愿交，而率皆不利败事，故其廉介自持者，率不与宝交。自宝之术行，挟诈者往往伪为宝术，以售于时，后皆败死，故宝之术益尊。

是时昆仑抱璞公，南海玄珠子，永昌从革生，皆能济人，与世俯仰，曲随人意。而三人者亦愿与宝交，苟得宝一往，则三人亦无不可致，故时誉咸归于宝焉。宝族虽伙，然其状貌技术，亦颇相似，知与不知，咸谓之乌宝云。

论曰：乌氏见于《春秋》《世本》《姓苑》，若存余技乌获，皆为显仕。至唐承恩，重胤始盛，迨宝而益著。宝裔本楮氏，而自谓乌氏，则变诈亦可知矣。宝之学虽出于墨，而其害道伤化尤甚，虽孟轲氏复生，不能辟也。然使宝生于唐虞三代时，其术未必若是显，然则宝之得行其志者，亦其时有以使之。呜呼，岂独宝之罪哉！（明高明《乌宝传》）

三 纸

楮宝,中国人也。其原出楮币。其先楮先生出东汉蔡伦之门。赵宋时有会子者,用于世,然犹白衣。逮大元始就国制,佩硃墨之章,乃大显。洪武中,上召见,修饰其边幅,裁令端方,赐之东方服色,佩三印,与孔方偕行,民甚赖之。

凡居室服食器货五礼九式之用,无不借其力。尤通于上下之情,曲直长短龃龉,率能为解纷。大而山川土田之重,子女玉帛之贵,小而谷粟丝麻之用,饮食蔬果之给,宝皆愿指而致之。公私事无巨细,有宝则咄嗟而办,蓄之则质可变,炙之则手可热。宝所亲厚者,辄偃蹇僭侈,哆然若有所恃赖;宝所否者,则气沮形消,行止茫然,开口动足,无不背戾。故虽妇人小子,皆爱敬之。

为人性柔而质方,体薄而文墨,见于面喜,与贪夫俗子伍，清高廉洁。士虽间与游，不久辄去之，而贤者亦不屑就。或有问于宝曰："子之名闻天下，有济世之材，吾甚敬子，奈何贫善而富恶，向贪而背廉，颜穷而跖达，子为之乎？"宝曰："噫，物之不齐，物之情也！穷达命焉，我何力焉？且炎炎者绝，凡吾所盛交者，皆以豕心而要我。吾率族而聚之者，皆祸之倚。吾恝然不相亲者，或为福之伏。君子修身俟命，以贫为常，以廉为防，奚藉于我哉？"

传曰：宝之尊贵而利于世，可谓盛矣。而世之所以丧其良心者，亦宝使之然也。且喜继富，不能周人之急，士君子以是短之。然其通天下之货，集天下之事，成天下之亹亹者，孰有过于宝者哉？（明姜子万《楮宝传》）

四 砚

罗文，歙人也。其上世常隐龙尾山，未尝出为世用。自秦弃《诗》《书》，不用儒学，汉兴，萧何辈又以刀笔吏取将相，天下靡然效之，争以刀笔进，虽有奇产，不暇推择也，以故罗氏未有显人。

及文，资质温润，缜密可喜，隐居自晦，有终焉之意。里人石工猎龙尾山，因窟入见，文块然居其间，熟视之，笑曰："此所谓邦之彦也，岂得自弃于岩穴耶？"乃相与定交，磨砻成就之，使从诸生学，因得与士大夫游，见者咸爱重焉。

武帝方向学，善文翰，得毛颖之后毛纯为中书舍人。纯一日奏曰："臣幸得收录，以备任使，然以臣之愚，不能独大用。今臣同事皆小器顽滑，不足以置左右，愿得召臣友人罗文以相助。"诏使随计吏入贡，蒙召见文德殿。上望见异焉，因弄玩之曰："卿久居荒土，得被漏泉之泽，涵濡浸渍久矣，不自枯槁也。"上复叩击之，其音铿铿可听。上喜曰："古所谓玉质而金声者，子真是也。"使待诏中书，久之，拜舍人。

是时墨卿楮先生皆以能文得幸，而四人同心，相得欢甚，时人以为文苑四贵。每有诏命典策，皆四人谋之，其大约虽出于上意，必使文润色之，然后琢磨以墨卿，谋画以毛纯，成以授楮先生，使行之四方远夷，无不达焉。上尝叹曰："是四人者，皆国宝也。然重厚坚贞，行无瑕玷，自二千石至百石吏皆无如文者。"命尚方以金作室，以蜀文锦为荐褥赐之，并赐高丽所献铜瓶为饮器，亲爱日厚；如纯辈不敢望也。上得群才用之，遂内更制度，修律历，讲郊祀，治刑狱，外征伐四夷，诏书符檄礼文之事，皆文等预焉。上思其功，制诏丞相御史曰："盖闻议法者常失于太深，论功者常失于太薄，有功而赏不及，虽唐虞不能以相劝。中书舍人罗文，久典书籍，助成文治，厥功茂焉。其以歙之祁门三百户封文，号万石君，世世勿绝。"

文为人有廉隅不可犯，然搏击非其任。喜与老成知书者游，常曰："吾与儿辈处，每虑有玷缺之患。"其自爱如此，以是小人多轻疾之。或谗于上曰："文性以贪墨，无洁白称。"上曰："吾用文掌书翰，取其便事耳。虽贪墨吾固知，不如是亦何以见其才。”自是左右不敢复言。文体有寒疾，每冬月侍书，辄面冰不可运笔。上时赐之酒，然后能书。

元狩中，诏举贤良方正，淮南王安举端紫，以对策高第，待诏翰林，超拜尚书仆射，与文并用事。紫虽乏文采，而令色尤可喜，以故常在左右，文浸不用。上幸甘泉，祠河东，巡朔方，紫常扈从，而文留守长安禁中。上还，见文尘垢面目，颇怜之，文因进曰：“陛下用人，诚如汲黯之言，后来者居上耳。”上曰：“吾非不念尔，以尔年老，不能无少圆缺故也。”左右闻之，以为上意不悦，因不复顾省。文乞骸骨伏地，上诏使驸马都尉金日磾翼起之。日磾胡人，初不知书，素恶文所为，因是挤之殿下，颠仆而卒。上悯之，令宦者瘗于南山下。子坚嗣。

坚资性温润，文采缜密，不减文，而器局差小。起家为文林郎，侍书东宫。昭帝立，以旧恩见宠。帝春秋益壮，喜宽大博厚者，顾坚器小，斥不用。坚亦以落落难合于世，自视与瓦砾同。昭帝崩，大将军霍光以帝平生玩好器用，后宫美人置之平陵。坚自以有旧恩，乞守陵，拜陵寝郎。后死，葬平陵。

自文生时，宗族分散四方，高才奇特者，王公贵人以金帛聘取为从事舍人。其下亦与巫医书算之人游，皆有益于其业，或因以致富焉。

赞曰：罗氏之先无所见，岂左氏所称罗国哉？考其国邑在江汉之间，为楚所灭，子孙疑有散居黟歙间者。呜呼！国既破亡，而后世犹以知书见用，至今不绝，人岂可以无学术哉？（宋苏轼《万石君罗文传》）

五　扇

持风使姓操名规，来清其字也。其先佐虞氏开广视听，系籍五明。殷宗以雉尾纪官，周昭以雀翅标衔。迨晋，扬谢傅之仁者袁东阳，蔽庾镇之尘者王司徒。总之转移世风，激扬是系，非具挺然之节，皎然之姿者，弗克胜任，故人特为之倚重云。

挽近法令烦苛，民罹汤火，甚于烁石煎沙，无可逃避。使者奉简书，就所握，舒徐摇曳，在在风生。左顾左冷然善也，右顾右冷然善也。觉捐烦即夷，如在深山茂林中矣。咸赏心谢曰："焦土之民，少苏憔悴，皆君赐也。何不出其风力，鼓鬯四方，乃仅一隅之披拂为？"曰："三皇之风邃如，五帝之风穆如，三王之风熙如。风随世转，来莫测其端，去莫知其止。即天地且听其斡旋，此诚命世之英耳，非凡手之力也。"依依然虽掌握惟人，不傲之以不屑。军中指挥，掖庭裁制，咸与焉。

惟运承肃杀，虽未及履霜，即奉身而退，韬藏惟恐不密。阳和载世，操纵自由，复解其弢结以效。不先时而争时，不后时而失时，盖龙飞利见时也则致用，龙潜养晦时也则泥蟠，君子以为得出处之道焉。

嗣后世其官者，殆非一姓，苍梧有湘妃氏，则以文采显；交南有檀夫氏，则以芳韫显。其本实足以风世，故皆为工宗所荐。（明支廷训《持风使者传》）

六　镜

容成侯金炯者，本蜀郡严道人，附山而居，同族中多见搜采。其先因秦时调发，请尚方输作，世苦之，乃诫子孙易其服色，必以清厉自进。后徙居上洛，会郡中卢生范生皆传修炼之术，委质相资，因砥磨以致用。

上闻而器之，召见，嘉其鉴局，且谓毫发无隐，屡顾之，历试台阁，号为明达。挟奸邪以事上者，见之胆栗，辄自披露。至于妇人女子媚惑之态，亦不能掩也。其察察如此。是虽造物无私，圆方不碍，然疵陋者终恶忌，积毁于上，以为背面不相副。炯亦自病于狭中，不能以尘垢混其迹，竟被摈斥。

后亟有月蚀之变，时宫中漏下数刻，上临轩念其规益，复召，俾其道所以然者。扣之，响应不疲，上异焉，命以容成侯，奉朝请。

而宗人派别于广陵者，炫饰求售，陷为轻薄。于权戚中或妩然自喜，则狎玩不厌，至或被以组绣，盖其俯仰取容，虽穿鼻服役，亦无耻耳。既稍进，炯又鄙其为人，乃复以谗废，归老于家。

太史公曰：炯之远祖，当轩辕时，以化服于祝融氏，得荐于上，能强记天象地形，草木虫介，万殊之状，皆视诸掌握，盖其术亦规摹于洪范耳。物怪遇之，莫不揣息。自废后，益亲幸，上晨兴必先至，则与冠冕者偕进，号为寿光先生。其后子孙稍衰，流寓太原者，始尚元，亦以精练见重。至炯虽任用兢兢，惟恐失坠，然不善晦匿，果为邪丑所疾，几不能免。噫！大雅君子，既明且哲，以保其身，难哉！（唐司空图《容成侯传》）

七 梳篦

苏理相公字栉甫，山阳人也。本质实木，费几许切劘，以成规制。愤人纷纭胶结，而自外于理，百为引导，一辟于大通之途。又虑难以径行其直，外貌委蛇，而此中条分缕析，井井不可乱。读书至“元首明哉，股肱起哉，百工熙哉！”慨然叹曰：“万始万生，悉资于元。万邦系一人，谅矣。椎鲁虽邻于古初，而蒙茸无当于雅化。吾欲举世快睹冠裳，当襄元后克端轨物，躬勤启迪。”更设一副以佐之。其副亦效公之容，与以受成焉。

每当清旦之时，洮颒甫毕，即率其副以进迎机导，窾解而析之，比类而通之；间值紊塞而未易疏畅，即或痛切肌肤弗顾，期于万法得理而止。油油然更相左右，奉为故事。

会见，善之地，紊者秩，塞者通，尽归约束，冠盖相望于涂。已想当时，姬公勤三握以劳制作，谨四教，定三加，非起公而预为之经理不能。怒发如相如，必且即公而夷；科头如管宁，必且就公而整；斗狠如闾巷少年，囚首垢面，必且凭公处分，各就约束如初。其随在致理，又可缕指而数计也者？然岂一时搜剔所能，惟总其大纲，精密处副实为政。虽以丁年并进，副以衰钝乞休，复举一以副公，共事如出一手，无加大间旧之嫌，处之谧如也。微公咛独通梁，章甫无以示仪，即九旒五冕，安所辨等威哉？（明支廷训《苏理相公传》）

八　酒杯

商君姓陶名一中，家于饶之景德。相传先世居河滨，有曰器者，型虞舜之化，以不苦窳称。及舜宾四门，尝柄用之，封商丘，世袭商君之号。

商生而缜密，颜色光泽，叩之音响清亮，有识者曰："此庙堂器也，岂破窑中能久羁乎？"陶族多用于时，有职精膳者，有职珍羞者，有职掌醢者，商皆卑下之；独与锡山壶子，曲城陆胥相友善，其出处必偕。

始胥因壶子纳交于商，商赖其丽泽，显名于世。会良辰，上方宴客，敕有司治具，悬乐以待。时主爵乏人，群下荐商君；太常乏人，群下荐壶子；良酝署乏人，壶商因荐陆胥。上曰："陆生醇儒，肯为我来邪？"乃使壶子持节往召。顷之，陆胥与壶子俱来，商君候于席，侧导陆生，遍谒诸客，人人浃洽。谓商君亲己，无不口衔其泽者。上欢甚，常执商手问曰："陆生风度得如商郎否？"商对曰："陆生汪汪，如波千顷；臣虽日与渐涵，不能测也。"上曰："不有卿，安能亲陆生使我心醉邪？"

他日，群臣贺千秋，上赐宴于琼林，预语商曰："闻古宾筵，有监有史。我欲令子扬觯，兼巡按诸在坐者，于子何如？"商对曰："臣闻丈夫磊落，如珠走盘，将终不能令人起敬邪？"至期，商甫就席，诸座客皆擎拳曲跽，持之如执玉，奉之如捧盈，惟恐少有所伤，其见礼于人若此。壶不平，每以口侵凌之，幸其满而覆也。商觉，遽反之曰："胡不严如瓶之戒邪？"商日被宠渥，上常以右手提携；而自视与瓦缶同，绝无骄溢色，谁谓其器小易盈哉？

无何，金城贾氏及玉卮子以奇巧得幸，与商争宠。

商谓之曰："安静之器，悃愊无华。若辈虽金玉其相，追琢其章，只为富贵家役使耳。孰若我出自陶穴，登之庙堂，下至阛阓闾阎，无富无贫，无贵无贱，无不捧我掌中，口相授受，又安用炫耳目之观为哉？"

商行己甚洁，喜与持重者游。尝曰："吾与儿辈处，每虑有玷缺之患。"又曰："我虽凉薄，必不坠于庸人之手。苟持我不谨，即能齑粉我，我亦不往也。"盖知自重哉。然以久握机权，微有瑕隙可指，上亦将厌掷之，遂连表乞骸。上可其请，以商尝从越名士游修竹茂林间，赐曲水为汤沐。商感上之恩，屡欲捐躯，虽家贫，每饭不忘，闻召即赴，未尝以寒燠辞。

居恒以侑器为监，可满而不可覆，可虚而不可欹。即坐客有号呶者，商中立自如，徐规之曰："酒以成礼，不继以淫，慎勿使我为漏卮哉！"考之古吴有郑泉者，性嗜酒，临卒，谓家人曰："死必葬我陶家之侧，幸身化为土，以作酒器，获我心矣。"人谓商君即郑泉后身，理或然也。（明刘启元《商君传》）

九　浴盘

侯姓陶，讳以涤，字子雪。远祖受帝舜型范，家于河滨。其后皆得赐汤邑，以侯爵世其传。

量颇容善，令人革面，此衷长定也。重默自处，见人负累，不忍于大庭广众斥之，每于暗室屋漏中潜为淘汰；盖恐翘人过，亦乘其悔悟而渐移之耳。人乐其善淘己也，少有累，辄就侯而谢绝焉。侯亦不厌再三，旋染旋涤，以污入者，必以洁出，无有抱秽终者，即其人素行修洁，凡遇祭祀朝会婚媾，不敢因其故，必更经洗涤，然后从事。自王侯卿相圣仁节烈，罔不嘉与之同清。甚而深闺淑媛，潜踪屏息，人莫窥其形影，遇侯披襟露膈，显出之而无顾虑。侯亦任与其洁，弗拒也。

或以其随投辄受，几于无辨，鲜不指更新之路，为藏垢之府矣，侯自信固定也。曰："人见我在清浊之间，不知我在清浊之外。湛然静止，非关吾体；纷然四应，岂失吾常？”

量虽善容，而性实太锐，偶为不检者所触，不觉厉声随之，体竟受伤。多方保护，终成痼疾。惟孤竹氏谙其情性，不忍听汶汶者之偶阻于祓除也，日夕曲为周旋，弥其渗漏。亦能勉与人濯磨，赖以自新者，时亦不乏。迨后孤竹氏以衰朽告退，侯亦不禁解体，门墙遂索然冷矣。其子姓散于四方者甚众，颓垣废井，皆其遗体所在。（明支廷训《新城侯传》）

一〇 酒壶

壶子字酌之，其先锡山人也。质稍冥顽，镕化于将作大匠，复为之切磋，以成其器。为人长喙大耳，腹恢恢而有容。

初与曲城陆胥交莫逆，共探圣贤道术。陆生曰：

“夫道以虚为体，以实为用。虚而实，实而虚，妙故无穷，几乎道矣。”居数日，壶子告胥曰：“吾虚矣。”胥曰：“未也，恐有我盈其中。”壶子随倾之曰：“吾虚矣。”胥曰：“未也，恐有我留其中。”壶子尽倾之告胥曰：“吾虚矣。”胥叩其中，空空如也，曰：“果虚也与哉！吾请从子以周旋。”

无何，壶子官太常，见商君如旧识。商尝枕壶子膝，指其腹曰：“此中何所有？”壶子曰：“此中空洞无物，最是难测地。”商戏之曰：“子所谓徒有此大腹，了自无刚肠者。”壶不之校，谓人曰：“宁我容人，无人容我。”壶尝共商语，刺刺不能休。商问何处得来，壶子曰：“曩与陆生交，每虚而往，实而归，特为子倾倒之念。欲荐之上，未能也，子其图之！”

商因荐胥于上。上召陆胥，与语大悦，谓壶子曰：“吾于商生，手之而不释；吾于陆生，口之而不置；卿为之先容，卿其作余耳目乎？”命摄主客司事。四方宾至，先遣商出款之，壶子偕陆胥随其后，而斟酌对焉。吐词温醇，有足沦洽人肌髓者，一座为之尽倾。

尝为长夜饮，至夜分，陆生力竭，上察壶有欹侧态，腹且枵然。上笑曰："壶生其庶乎屡空。"顾谓商君曰："瓶之罄矣，惟罍之耻。壶子与卿之谓乎？可休沐。"壶后归老于锡山，自号鸱夷子皮。

乡有瓶生者，状类壶，而性不嗜酒，常居井牧间。壶讥之曰："视子之居于井之湄，饮水满腹，香醪罔知。绠断身坠，粉骨何疑？"瓶亦借鸱夷讥壶曰："鸱夷酒囊，乐极招殃。痛饮满腹，代人行觞。孰云国器，多藏厚亡。"壶闻而愧之。

又尝与乡人设馔，先与陆生饮酒，自扪其腹而出，曰："我不负汝。"商君曰："子不负腹，腹当负子。"壶曰："不然，予尝承颜接词，我口若悬河，源若倒峡，一泻若建瓴而下，何谓腹负我邪？"座客不能屈。曰："有本者如是，是之取尔。"

壶虽浮湛闾里，酌尊卑戚疏之辨，未尝凌节逆施。其精义类此。性好对客，虽制必以貌，不冠不见。尝与北海语曰:“座上客常满,尊中酒不空,吾无忧矣。”其器量甚宏,人莫窥其深浅。常为臧获所执,坦如恬如也。柱下史曰:“大盈若冲,其用不穷。”漆园吏曰:“注焉而不满,倾焉而不竭。”壶子盖庶几哉!

尝观《列仙传》有壶公者,安期生尝师之,日悬一壶于都市,晚入憩其中,因以壶公名。壶子岂其流裔邪?(明刘启元《玄壶子传》)

一一 茶壶

坡翁尝曰:“买田阳羡,吾将老焉。”岂以济胜得胜,故云尔邪?非也。此中有一清真道人与汤蕴之最善。道人名闻天下,即天子首嘉之,啧啧曾不释口。

蕴之,亦阳羡产也。状貌虽不甚伟,闲雅修饰,一准于时。且火候具足,入水不濡。历金山玉泉碧涧,咸为识赏中怀,惟珍一清真。清真亦惟蕴之是契。两相渐涵，芝兰之气不啻也。饮德者风生两腋，在座尘祛，能令寐者忽寤，醉者旋醒，烦者顿解。

喜通雀舌，故知会悟也；仪肃枪旗，尊驾聿临也；颁颁龙凤，禁庭异数也。所以导款诚，将祗肃，孰为之调停斟酌，非蕴之弗任矣。以故士君子咸器之，于时名益重。虽愧然一质，即金玉其相者，不与易也。

有同类流入酣里，典裘落帽，居然以圣贤自标，笑其斤斤独抱，徒为自苦耳。曰："吾苦固甘之。凡受我灌输者，谦谦抑抑，一如捧盈。虽有高谈情话，终始不愆于仪，非若丧德丧邦是戒者。"宁从竹里炊烟，不向瓮边觅梦；宁随作书刘琨为伍，不与投辖陈遵为邻。整容缄口，一种清芬，未启气已充然有余。其入，人亦在意气，非关唇吻。置之者亦必慎择所处，非几筵弗置也。

禹锡馈菊表情，陶穀烹雪知味，率皆蕴之襄事。松风盈唱，其受知于坡翁素矣，微独阳羡佳山水，足当一老邪！（明支廷训《汤蕴之传》）

一二　花瓶

余托居在委巷穷僻处，绝无芳艳涉目，且日奔走于风尘，不知其腊之将去也。

有涵春君者，修颈坦腹，独抱止水，每如果然，挈罗浮素质，踵余斋而昭曰："春至矣。世传有脚阳春，今且无根自荣矣。师雄偶邀半晌，今且陪君起居矣。萧萧疏影，黯黯余芳，最可人者，尤在灯下，经宿犹是，阅旬犹是，且刊华而就实焉。"

余意罗浮氏素非家养，其来固多拂郁曲折。乃于于徐徐，欣然自若，不识一枝之为寄也。岂转移造化，顾属君手邪？甚异之。君曰："何异乎？拂之因以得顺，折之转而为全，物情类然。逐众敷荣，大地阳春也；随缘自适，一掬阳春也。且过目成色，何必春之为春？与化俱徂，何必相之为相？"借交于姚魏，受知于陶令，折节于董奉师门，亦披衷于六郎西子。无问富贵高隐，仙踪艳质，随所入必偕，所与以进。而此衷常净，可自信亦可信人。

时与文人学士，晤对于芸窗，并侧于几案，足以助发其生意，而彼此视为莫逆。即与释部谈空空，玄宗课寂寂，律议森然，亦若相得益彰，而不病其为色碍。惟贾人竖子，日营营于多寡有无，似为不韵，未尝过而问焉。盖于万锦丛中结交，一杯水里涵养。春意虽觉满怀，尘根不留半点。东皇以其有护伤续韵之功，袭封涵春君。姓湛氏，名撷英，移芳其字云。（明支廷训《涵春君传》）

一三 汤婆子

媪之先金姓，少昊之苗裔也。夏禹治水功成，别锡之氏。世有从革之德，载《周书·洪范篇》。穆王时，有金母实生媪。

媪少遇为燧人氏之言者，授以水火相济之术。善养气，能吐故纳新，延年不死。人异之，昼窃观其所为，愧处室中，腹枵然；及暮，惟饮汤数升而已。人因扣之曰："媪何以寿？"对曰："汝独不闻冬日则饮汤之说乎？吾术止此，他无以告子者。"因号曰汤媪。

媪为人有器量，能容物，其中无钩距，而缄默不泄，非世俗长舌妇人比。性更恬淡，贵富家未尝有足迹，独喜孤寒。士有召即往，藜床纸帐，相与抵足寝，和气蔼然可掬。

唐有广文先生知其名，召之。媪至，让抑居下坐。广文揖而进。媪曰："足下虽冷官，妾则妇人，岂可与公比肩哉？"广文与语，至夜半，颓然就睡。偶以足加其腹，媪亦不怒。天明，更与语，倾倒殆尽。自是广文非媪，寝不安席。尝曰："和而不流，清而不激，卑以自牧，即之也温，惟媪能兼之。"人以为知言。

媪复知医，思以济世人，谓其满腹子皆春意也。有贵介公子犯寒疾，独卧别室，迎致之。媪初不欲往，或曰:“此正媪行仁之秋也,何以拒为?”不得已,行视其疾,已在骨髓,循其经络,起足厥阴,曰:“是非铁可加,宜用汤液。”从其言,体温。温自下起,若饮姜桂然。及视其剂,则其平日所饮者也。公子奇其效,欲留待终身。诸姬患之,相与谗于公子曰:“媪虽知医,然昼伏夜见,踪迹叵测,其殆鬼物邪?公子尚慎之!”媪闻而愠见曰:“吾生平号能容物,至是不觉使人热中。”卒驾曰:“家世非寒族,幸自温饱,无求于世。若辈粉白黛绿,专以色媚人,鬼物真自谓。吾见若辈之杀公子也。”竟去。及接他人,终不失和气。公子亦遂疏之,诸姬更进御,未几,疾复作,竟死如媪言。

媪同时有夫人竹氏,与媪每春秋时,辄为人弃置,相会默然无怨言,叹曰:“人生出处,各有时耳。”

媪自周历汉唐至宋,已二千余岁,人谓其犹处子也。阅人虽多,无可以当意者。闻涑水司马公有清德,欲依之。公得媪恨晚,家有侍妾,不一顾。其夫人亦贤,乃盛饰之以进,卒挥去。既而公拜相,夜则思天下事,往往达旦不寝。媪进曰:“公幸不弃处我布衾之下,愧无以报德。惟公尽瘁事国,貌日加瘠,幸为天下自爱。”公惊曰:“吾久不闻媪言,媪言甚爱我,愿卒闻媪之所以处世者。”媪曰:“昔在周末,犹及见老子教予曰,汝惟知足,知足不辱。予谨受教,以至今日。”公悟曰:“媪殆谓我也。”即谢事,退居于洛。后薨,朝廷因有温国之封。

媪后寿益高,虽云得异术,要其先世从革之德所致,不可诬也。(明吴宽《汤媪传》)

一四　竹夫人

夫人竹氏,其族本出于渭川,往往散居南山中,后见灭于匠氏。武帝时,因缘得食上林中,以高节闻。

元狩中,上避暑甘泉宫,自卫皇后已下,后宫美人千余人从。上谓皇后等曰:“吾非不爱若等,顾无以益我,吾思得疏通而善良,有节而不隐者亲焉。”于是皇后等共荐竹氏，上使将作大匠铦，拜竹氏职为夫人。

既进，见夫人衣绿衣黄中单。上笑曰："所谓绿衣黄里者。"然夫人未尝自屈体就席，帝每左右拥持之。上有所感，时召幸后宫宠姬，而夫人常在侧，若无见焉。而诸幸姬由是莫有妒之者。

是时上方郊五畤，祠太一以致神仙，率常斋戒。自祓除，而每召夫人。有所游幸，诸将军幸臣等更为帝携抱夫人以从，帝亦不疑也。上幸汾阴祠后土，济汾水，饮群臣，作《秋风辞》。归未央，坐温室，夫人自此宠少衰。上谓夫人曰："而第归，善自安。明年夏，吾召卿矣。"明年夏，果复召夫人。夫人见上，中不能无小妒，由是罢之，复遣将作大匠选于他竹氏，使加职焉。

夫人居后宫，至孝成皇帝时犹无恙，是时班婕妤失宠，作《纨扇诗》见怨，夫人读之曰："吾与君类也，然尔犹得居箧笥乎。"至王莽败，汉军焚未央，夫人犹自力出，然遂焚。（宋张耒《竹夫人传》）

图书在版编目（CIP）数据

器用杂物：小精装校订本 / 杨荫深编著．—上海：上海辞书出版社，2020
（事物掌故丛谈）
ISBN 978-7-5326-5592-2

Ⅰ.①器… Ⅱ.①杨… Ⅲ.①生活用具—中国—通俗读物 Ⅳ.①TS976.8-49

中国版本图书馆CIP数据核字（2020）第099345号

事物掌故丛谈
器用杂物（小精装校订本）
杨荫深　编著

题　　签　邓　明　篆　　刻　潘方尔
绘　　画　赵澄襄　英　　译　秦　悦

策划统筹　朱志凌　责任编辑　李婉青　特约编辑　徐　盼
整体设计　赵　瑾　版式设计　姜　明　技术编辑　楼微雯

出版发行　上海世纪出版集团
　　　　　上海辞书出版社（www.cishu.com.cn）
地　　址　上海市陕西北路457号（邮编　200040）
印　　刷　上海雅昌艺术印刷有限公司
开　　本　889×1194毫米　1/32
印　　张　6.5
插　　页　4
字　　数　86 000
版　　次　2020年8月第1版　2020年8月第1次印刷
书　　号　ISBN 978-7-5326-5592-2/T·192
定　　价　49.80元

本书如有质量问题，请与承印厂联系。电话：021-68798999